李开周
孔羽 著

度量衡
简史

世界的尺度

化学工业出版社
·北京·

内 容 提 要

本书梳理了古今中外常见度量衡的奇妙起源和演变规律，也尝试探讨了古代度量衡对政治史、经济史和风俗史产生的微妙影响。一个有知识、有文化且有好奇心的现代读者读完本书，其收获不仅仅是"买菜不再吃亏"那么简单，还可能转变思维方式，在精神上将偌大宇宙置于手掌，既可以跳出时空，以比光年还要宽广亿万倍的视野俯视时空，又可以将心灵遁入量子世界，以比原子空间还要细微的体察，感受知识细节之美妙。

图书在版编目（CIP）数据

度量衡简史：世界的尺度／李开周，孔羽著 . —北京：化学工业出版社，2020.6
ISBN 978-7-122-35967-4

Ⅰ．①度⋯　Ⅱ．①李⋯②孔⋯　Ⅲ．①计量单位制－历史－世界
Ⅳ．① TB91-091

中国版本图书馆 CIP 数据核字（2020）第 070904 号

责任编辑：罗　琨　　　　　　　　装帧设计：韩　飞
责任校对：王　静

出版发行：化学工业出版社（北京市东城区青年湖南街 13 号　邮政编码 100011）
印　　装：三河市双峰印刷装订有限公司
710mm×1000mm　1/16　印张 12½　字数 147 千字
2020 年 9 月北京第 1 版　第 1 次印刷

购书咨询：010-64518888　　　　　　售后服务：010-64518899
网　　址：http://www.cip.com.cn
凡购买本书，如有缺损质量问题，本社销售中心负责调换。

定　　价：48.00 元　　　　　　　　　版权所有　违者必究

苏门四学士，其中之一是晁补之，作为苏东坡的门生，此人博学多才，懂诗词，通音律，书法和绘画也很出彩，甚至还有一门绝活：挪树。

俗话讲：树挪死，人挪活。人类换换环境，会有更多的见识和机遇；树却不行，移栽不得法，就会死掉。晁补之却是一个擅长移栽树木的能手，无论小小树苗，还是参天大树，经他之手移栽，无不郁郁葱葱。

晁补之的秘诀是什么呢？第一，"其大根不可断，虽旁出远引，亦当尽取；如其横出，远近掘地而埋之；切须带土。"不能损伤树根，刨土尽量深广，将树根带土完整刨出。第二，"大木仍去其枝。"如果移栽大树，先将树枝砍掉，以免争夺营养。

这两条秘诀都相当科学，现代园艺家移栽树木仍然会这样做。奇怪的是，在帮助别人移栽树木的时候，晁补之却失手过一次。

那是公元1090年，驸马王诜想把京城老宅的几棵古松移栽到西郊别墅，邀请晁补之帮忙，而晁补之不在京城，只能写信隔空指点。晁补之在信中说，刨土应该深挖几尺几寸，剪枝应该剪掉几尺几寸。王诜遵照指示，一一照办。结果呢？五棵古松大半死亡，只活下来一棵。

王诜是苏东坡的好友，晁补之是苏东坡的弟子，所以王诜是晁补之的长辈。眼见几棵心爱的松树经移栽而枯死，王诜既心疼又生气，以长辈的口吻斥责晁补之，骂他乱出主意。晁补之也很惭愧，回京以后，到王诜府上谢罪。

谢罪那天，晁补之顺便调查了树的死因，他发现他指点的方法并没有错，错在没有说明使用哪一种尺子进行度量。

晁补之是宋朝人，宋朝的尺子相当混乱。既有测量土地的量地尺，也有测量建筑的营造尺；既有裁剪布料的裁衣尺，也有校定音律的音律尺：每一种尺子的实际长度都不一样。晁补之所说的几尺几寸，是按量地尺说的；王诜让仆人为古松刨土和剪枝时，用的却是裁衣尺。量地尺比较长，裁衣尺比较短，所以王诜刨土不够深，剪枝也不够长，所以移栽后的松树很难存活。

这个故事发生在古代中国。不过，类似的故事不仅发生在古代，还会发生在今天；也不仅发生在中国，还会发生在海外。

比如说，一个香港人告诉北京人，他家的卧室有多少呎。北京人如果将英制的平方呎理解成市制的平方尺，那他算出来的面积就会比实际面积要大。

再比如说，一个美国人开车进入加拿大法语区，公路限速牌标注的是公里每小时，而美国人理解的限速却是英里每小时。我们知道，英里比公里长，这个看惯了英里限速标志的美国人脑子转不过来，错将时速不得超过一百公里理解成时速不得超过一百英里，那他就会超速行驶。

尺、寸、平方呎、平方尺、英里、公里，这些都是度量衡单位，来自不同时代和不同地区的度量衡单位，并且是由不同时代和不同地区的人类发明创造出来的度量衡单位。

人类为什么要发明度量衡？当然是为了更好地认识世界。我们身边的所有客观实体，甚至包括我们身处的这个宇宙本身，都有大小、多少、长短、轻重，而测量大小、多少、长短、轻重的工具，就是我们发明的度量衡。

度量衡伴随人类文明诞生，并将与人类文明共进退。越是高度发达的文明，度量衡也就越精细；越是发展迟缓的文明，度量衡也就越简陋。毫不夸张地说，度量衡不仅是人类认识世界的尺子，也是我们审定自身文明发展程度的尺子。但这些尺子并不一样。

时至今日，科技空前发达，刻度空前精密，不同文明之间的度量衡空前统一。九百多年前晁补之帮人移栽树木，由于他与别人选择的尺子不一样，导致移栽失败，这种事件将会越来越少见。但是，我们在生活中仍然可能被来自不同时空的度量衡搞得头大。

我们刚刚在快餐店点过七寸的比萨，又走进对面的裁缝店定做了一条三尺二寸的裤子。同样是寸，比萨是英寸，裤子却是市寸。

中国大陆游客飞到台湾，买菜时总觉得台湾的商家更有良心——同样是三斤一条的鱼，台湾的鱼就是比大陆的够分量！但他未必知道的是，台湾菜市场的斤是台斤，大陆菜市场的斤是市斤，市斤是五百克，台斤是六百克还要多。

我们读历史书，看古装电视剧，一样有可能遇到困惑：诸葛亮身长八尺，秦叔宝身高丈二，古人真有那么高吗？那皇帝赐给男主角纹银千两，一千两难道不是一百斤吗？怎么看起来一点儿也不重的样子？

这就是度量衡的差异，诞生自不同时空和不同文明的度量衡的差异。

为了帮您理解这些差异，本书梳理了古今中外常见度量衡的奇妙起源和演变规律，也尝试探讨了度量衡对人类政治史、经济史、风俗史的微妙影响。

作为本书的作者，我由衷感谢您翻开此书，更希望您读完它以后，收获不仅仅是"买菜不再吃亏"那么简单，还有可能转变思维方式，在精神上将偌大宇宙玩弄于股掌之间：既可以跳出时空，用比光年还要宽广亿万倍的视野俯视时空，又能将心灵遁入量子世界，用比原子空间还要细微的体察，感受知识细节的美妙。

祝您阅读愉快。

第六章　从斤两到千克

第一章

○

一尺行多乱

○

拿破仑很矮吗

我们都知道，法国历史上的军事家、政治家，法兰西第一帝国的皇帝，被后世誉为"战神"的拿破仑·波拿巴，是一个矮子。

据说，第二次反法同盟战争期间，为了抄近道进入意大利，拿破仑率领四万大军翻越了阿尔卑斯山，并豪气冲天地宣称，他比阿尔卑斯山还要高。

阿尔卑斯山位于欧洲中南部，平均海拔3000米，拿破仑当然不可能比阿尔卑斯山还要高。但他当时正站在阿尔卑斯山顶上，所以能那样说。就像牛顿曾经说过的："我之所以看得比别人更远些，那是因为我站在巨人的肩膀上。"拿破仑没有站在巨人的肩膀上，他站在了阿尔卑斯山的肩膀上（图1-1）。

图1-1 法国画家杰克·路易斯·达维特作品——《拿破仑翻越阿尔卑斯山》

问题是，拿破仑能比阿尔卑斯山高多少呢？应该能高出"5尺2寸"——这也是拿破仑的身高，而且是在拿破仑活着时由他的医生公开宣布的身高。

5尺2寸是多高呢？有的朋友可能已经掏出计算器在算了：1尺是10寸，5尺2寸是52寸，1寸大约3.33厘米，52寸大约173厘米。

173厘米，俗称一米七三，这高度，不能算矮子啊！

但是且慢，人家法国医生说的尺寸，是法国的尺寸，不是中国的尺寸。中国1尺等于10寸，1寸约等于3.33厘米，法国则是1尺等于12寸，1寸约等于2.7厘米。

现在我们按法国尺寸重算一遍：1法尺是12法寸，5法尺2法寸是62法寸，1法寸大约2.7厘米，62法寸大约167厘米。

你看，拿破仑还不到1.7米，在欧洲白人的成年男性当中，确实有点儿矮。现在法国成年男性平均身高接近1.8米，意大利（拿破仑出生在意大利的科西嘉岛，该岛在其出生那年刚从意大利属地变为法国属地）成年男性的平均身高也差不多是这个数，北欧成年男性"海拔"更高，平均超过1.8米，假如拿破仑突然复活，行走在北欧街头，恐怕会被众人当作"武大郎"一样的人。

不过，欧洲人并不是一直都长这么高，在拿破仑那个时代，法国成年男性的平均身高是5法尺4法寸，大约折合173厘米，比拿破仑167厘米的身高高出6厘米左右。也就是说，拿破仑算矮子，但没有想象中那么矮。

那为什么我们现在一说起拿破仑，脑海里就立马跳出来一个小矮个子呢？

这主要怪英国人。

英国人是按英制的尺寸去计算拿破仑身高的（图1-2）。

1英尺是12英寸，5英尺2英寸是62英寸，英寸比法寸还要短，1英寸大约2.54厘米，62英寸大约157厘米。我的天，一米五多，甭说在欧洲，就算在咱们中国，这高度也是不折不扣的小矮个啊！

拿破仑身高是5法尺2法寸，英国人为什么要按照5英尺2英寸来计算呢？

有两个可能：

第一，英国人不太了解法国的尺寸；

第二，英国人故意这样算。只有这样算，才能把拿破仑算得更矮一些。战场上打不过你，就从身高上贬低你！

其实在英国，还有一个跟拿破仑同时代的纳尔逊子爵，他也是一个军事天才，被英国人当成英雄。纳尔逊身高5英尺5英寸，大约折合165厘米，比拿破仑的真实身高167厘米还要矮上两厘米呢！

图1-2　美国海岸与大地测量局1880年铸造的一根英尺标准器（细分为12英寸）

诸葛亮很高吗

拿破仑是西方的军事天才，诸葛亮是东方的军事天才。

当然，我们之所以认为诸葛亮是军事天才，主要是受文艺作品的影响，特别是受了《三国演义》的影响。在《三国演义》里，诸葛亮足智多谋，能掐会算，通天文知地理，晓奇门知遁甲，明阴阳懂八卦，还会法术，能用七星坛祭风，能用七星灯续命，一位如此奇幻的神人，完全违背物理定律，在这颗星球上是不可能存在的。鲁迅先生就说过，"诸葛亮多智而近妖。"诸葛亮太神了，不像人类。

真实的历史人物诸葛亮，不但没有法术，而且没有军事特长。《三国志》对他有八个字的评价："应变将略，非其所长。"带兵打仗，出奇制胜，都不是诸葛亮的长项。

《三国志》还记载了诸葛亮的身高："身高八尺。"

这里的8尺，当然是中国尺，但绝对不是现代中国的尺。现代中国1尺大约33.33厘米，8尺即2.67米。我们的篮球巨人姚明只有2.26米，诸葛亮能比姚明还要高一大截吗？

大家千万不要以为古人的个头都比我们高，从迄今出土的骨骸上看，古人的身高并不出奇，甚至很可能还会比现代人矮一些。例如大名鼎鼎的海昏侯刘贺，身高在1.7米到1.75米之间。另一位大名鼎鼎的马王堆女尸辛追夫人，身高是1.54米，如果考虑到年龄缩水因素，再给她复原一下，最高也不会超过1.6米。1994年湖北荆门市纪山镇郭家岗出土过一具战国女尸，复原后身高是1.6米。1979年南京市随车乡桥冈村出土了明代商人华伟夫妇的尸体，男尸身长1.64米，女尸身长1.52米。2006年北京八宝山东侧出土了一具清代男尸，复原后身高1.7米。

生物学上有一个"躯体增大定律"，即哺乳动物的躯体在漫长的进化中会慢慢变大。例如大象是由约5000万年前的始祖象进化而来的，而始祖象就跟现在的猪一样大；马是由4500万年前的始祖马进化而来的，而始祖马就跟现在的狗一样大。我们人类在进化中也表现出了同样的规律：1000万年前人类的远祖古猿身高不到1米，300万年前那位来自非洲的"人类老祖母"露西身高刚满1米，到了中国原始社会的仰韶文化与河姆渡文化时代，成年男子身高已经达到1.6米左右了。（注：从中国史前文明仰韶文化遗址出土的一件陶罐，高38.1厘米，腹径36厘米，现藏英国伦敦巴拉卡特美术馆。如图1-3所示。）

度量衡简史：世界的尺度

图1-3　中国史前文明仰韶文化遗址出土的陶罐

"躯体增大定律"适用于百万年级别乃至千万年级别的长期进化过程，而在距今5万年的人类历史当中，自从晚期智人——也就是解剖学意义上的现代人——开始出现以后，人类的形态特征就已经基本定型。假如你能复活一个几万年前的穴居原始人，给他洗洗澡，理理发，穿上西装，打上领带，单从外表上看，恐怕看不出他跟现代人有什么区别。最多可能因为饥饿和疾病的关系，这位原始人营养不良，发育不好，会比我们矮一点点。前一节"拿破仑很矮吗"中曾经提到拿破仑时代的欧洲人比现代人稍矮，那也是因为疾病和营养的缘故，并不表明人类在最近一个历史时期里突然进化出了长得更高的基因。

好吧，我们回过来继续说诸葛亮的身高。

诸葛亮生活在东汉至三国时期，他那个时代的尺要比现在的尺短得多。

上海博物馆藏有一件战国时期的容器，名曰"秦国商鞅铜方升"（图1-4），是公元前344年商鞅统一秦国度量衡时督造的标准量器，既能度量当时的容量，也能度量当时的长度。铭文内容表明：这

图1-4　秦国商鞅铜方升（现藏上海博物馆。全长12.47厘米，宽6.97厘米，深2.31厘米，容积为202毫升）

件量器深1寸、宽3寸、长5.4寸。用米尺去量它的长宽和深度，再稍做换算，可知当时1寸长2.31厘米。10寸为1尺，故此1尺长约23.1厘米。

秦始皇统一六国后，继续统一度量衡，但他没有改变商鞅标定的尺度，秦朝1尺的标准长度仍然是23厘米多一点。

汉朝承袭了秦朝的度量衡制度，1尺还是23厘米多一点，这个尺度标准一直沿用到三国时期都没有大的变化。汉代骨尺（图1-5）1981年出土于河南省洛阳市玻璃厂汉墓，现藏洛阳博物馆。长23.2厘米，宽1.36厘米。正反两面皆线刻尺寸，

全尺十等分，以圆圈表示，刻度清晰。1972年甘肃省嘉峪关市新城2号墓出土东汉至三国时期的魏国骨尺，长23.8厘米；1964年江西省南昌市坛子口1号墓出土三国时期的吴国骨尺，长23.5厘米。假如按照汉朝1尺约为23厘米的标准，8尺大约185厘米；假如按照三国时期的魏国骨尺，8尺大约190厘米；假如按照三国时期的吴国骨尺，8尺大约188厘米。

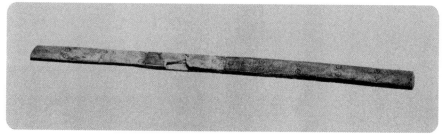

图1-5　汉代骨尺

我们不知道诸葛亮的身高是按哪种骨尺去量的，综合汉尺和三国尺来估算，他的真实身高应该在1.8米到1.9米之间。

所以，诸葛亮确实是大个子，但他肯定不是姚明那样的大个子。

一丈高的丈夫

从文献记载上看，诸葛亮似乎还没有孔子高。

《史记·孔子世家》："孔子长九尺有六寸，人皆谓之'长人'而异之。"孔子身高9尺6寸，大家都诧异他怎么能长那么高。

孔子崇拜周文王，周文王长得更高。《孟子·告子章句下》："交闻文王十尺，汤九尺，……"周文王10尺高，商汤9尺高。

以上这些高度还不算吓人，真正吓人的是东汉学者王充对身高的看法："譬犹人形一丈，正形也，名男子为丈夫……不满丈者，失其正也。"成年男子长到1丈高才算是正常身高，如果低于这个"海拔"，那就是矮子，故此古人管成年男子叫"丈夫"。言外之意，身高1丈的周文王也不是巨人，顶多是个正常人罢了。

哇，1丈都不算高，那多高才算高？难道先秦时代的男人都吃了特效增高药，能比我们现代人高两倍吗？

相信聪明的读者朋友早就有了答案：古籍中记载的身高之所以很高，仅仅是因为古代的尺很小。

古尺是在不断变化的，总的变化趋势就是越来越长。

中国国家博物馆有一支商代象牙尺，长15.78厘米；上海博物馆也有一支商代象牙尺，长15.8厘米。我们取整数，就算商朝1尺等于16厘米，那么身高9尺的商汤才1.44米。澳大利亚悉尼中国文化中心展出的一根刻有卜辞的商代骨尺，残长10.3厘米，如图1-6所示。

周朝的尺比商朝长一些，虽然缺乏考古实物，但是民国时期的度量衡学者吴承洛先生根据文献记载做过推算，推算结论是西周1尺在17厘米到18厘米之间。如果这个推算符合史实，则周文王身高10尺（10尺为1丈），大约是1.7米到1.8米之间。不过周文王活着的时候，西周还没建立，他其实属于商朝人，按照商朝尺，他的身高可能才1.6米左右。

图1-6　商代骨尺

王充认为"丈夫"身高该满1丈，不足1丈的不算正常人，他这话并非信口雌黄。王充是汉朝人，汉朝1尺已然增到23厘米，1丈足有2.3米。但王充是在解释商汤和周文王时代的"丈夫"，依据的是商、周两朝的尺度，一个人不满1丈，相当于不到1.6米或者1.7米，确实略低于成年男子的平均高度。1968年在河北满城汉墓出土了一把西汉铁尺（现藏于中国社会科学院历史研究所），实长为23.2厘米，如图1-7所示。

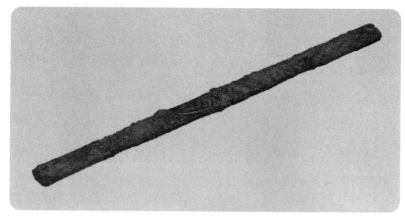

图1-7　西汉铁尺

尺度的大小在变，"丈夫"的词义也在变，这个词最初是指成年男子，后来就变成了与"妻子"一词相对应的"丈夫"。然后呢？人们再说成年男子，不再说"丈夫"了，改说"七尺男儿"或者"七尺之躯"，甚至直接简称为"七尺"。

唐朝刘禹锡《聚蚊谣》云："我躯七尺尔如芒，我孤尔众能我伤？"我堂堂七尺男子汉，你们蚊子小得像麦芒一样，我单枪匹马，你们蚊多势众，但你们没我强大，岂能伤得了我？刘禹锡诗中的尺，其实不是唐朝的尺。唐尺跟现代尺比较接近，官定量布尺和量地尺大约有30.3厘米那么长，7尺即2.12米。

刘禹锡的身高有两米多吗？放心，他没有。那他为啥敢说"我躯七尺"呢？因为他沿用了魏晋时期或者更早时期的习惯性说法（图1-8）。2004年南京仙鹤街皇册家园工地，出土了一把东汉至三国时期的吴国木尺，现藏于南京博物馆，实长24.5厘米。西晋文学家陆机就写过："昔为七尺躯，今成灰与尘。"西晋1尺大致在24厘米上下，7尺大约1.68米。

魏晋以后，尺度迅速增大，南北朝时的北魏1尺将近30厘米，隋朝1

尺也将近30厘米，唐朝时的1尺已超过30厘米（图1-9），宋元明清时1尺增到31厘米到33厘米，个别地方的量地尺还能长达36厘米（图1-10～图1-12），但"七尺躯"的说法始终没变，只要说到男人，必然是"七尺男儿"，可见文化惯性非常强大。

图1-8　东汉至三国时期吴国木尺

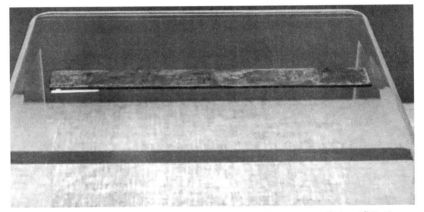

图1-9　唐代蔓草纹鎏金铜尺（1964年出土于河南洛阳，现藏洛阳博物馆。铜质，表面鎏金，残长24厘米，约8寸，据此可推算当时1尺约30厘米）

图1-10　北宋木尺（1）（1964年出土于南京孝陵卫街北宋墓，现藏南京博物院，长31.4厘米）

图1-11　北宋木尺（2）（1921年出土于河北巨鹿北宋古城，现藏中国国家博物馆。长42.8厘米，宽2.7厘米，标刻13寸，据此可推算出当时1尺为32.9厘米）

图1-12　明代木尺（现藏南京博物院，长31.3厘米）

直到今天，我们也常常说"七尺男儿"，尽管实际上绝大多数中国人都不可能长到现代尺的七尺那么高。倒是我国台湾地区的人比较务实一些，闽南语中对男人的形象说法是"堂堂五尺的查甫子"（"查甫子"是闽南语，意即小伙子）。如今"台尺"的标准长度也是33厘米多一点，5尺即1.65米有余，丝毫不掺水分。

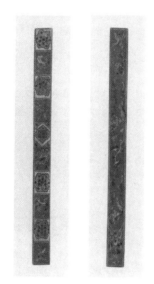

图1-13　千年以前日本天皇赐给臣下的红牙拨镂尺（用象牙染色镂刻制成）

布手知尺

在中国，台湾有"台尺"，内地有市尺，从商周到明清，历朝历代都有各自的尺。跳出中国，放眼海外，英国有英尺，法国有法尺，泰国有泰尺（1泰尺约等于50厘米），日本有菊尺（测量花卉的尺）、文尺（量布用的尺）……所以，尺这个单位，可能是公制单位（又叫"米制单位"）普及之前最通行的长度单位（图1-13、图1-14）。

图1-14　来自中美洲的一根标准尺（长约33英寸，1846年制造）

这个长度单位是怎么来的呢？

答案是，源于人体。

《孔子家语》上说："布手知尺。"先民把手展开，由此就得到了"尺"。

把手展开，能得到尺，是说手掌的宽度是1尺呢？还是说手掌的长度是1尺呢？《孔子家语》没有明说，但我们可以根据"尺"字的早期形态来推想。

"尺"的小篆由一左一右两笔构成：左笔曲里拐弯，上面像手掌心，底下甩出长长的一撇，像是中指；右笔上半部分构成掌心的边缘，下半部分是斜伸的拇指。我们的祖先伸出一只手，让食指、小指、无名指蜷缩起来，让拇指和中指尽量展开，从拇指尖到中指尖的距离，就是早期1尺的距离，现在俗称"一拃"，如图1-15所示。

图1-15　小篆体的"尺"字

大伙可以用尺试着量一下，成年男子的"一拃"，一般在15厘米到18厘米之间，差不多就是已出土的商朝象牙尺的长度。

男人手大，女人手小，男人的"拃"比女人长，男人的"拃"作为尺，那女人的"拃"呢？叫作"咫"。新朝（夹在西汉与东汉之间的短命王朝）开国皇帝王莽统一度量衡时规定，1咫等于0.8尺，也就是8寸。不是有一个成语"咫尺之间"吗？本义就是在8寸到1尺之间，意思是离得特别近。

古代中国将1拃定为1尺，古埃及则将中指指尖到胳膊弯的距离（也就是小臂的长度加上手掌的长度）定为1尺。胳膊弯又叫"肘"，所以古埃及的尺被我们后人称为"肘尺"。肘尺至少从4000年前就开始流行于古埃及了（图1-16），当时古埃及的1尺在50厘米左右，比我们商朝的尺长得多。

图1-16　古埃及壁画（在这幅壁画上，一个古埃及人正用手臂量布）

有意思的是，古巴比伦的尺也是肘尺，1尺大约54厘米。16世纪时期俄国的尺也是肘尺，1尺大约46厘米。

同样是肘尺，具体长度各不相同，主要是因为人跟人的手臂长度和手掌长度不一致造成的。即使在古埃及，不同时期的肘尺也不一样长。比如说，著名的埃及法老胡夫在位时（公元前2598—前2566年），1尺等于46.4厘米；而另一位法老图特摩斯一世在位时（公元前1506—前1493年），1尺等于52.5厘米。

古埃及人相信轮回，重视丧葬，法老们活着时就要百姓为自己修建异常宏伟的金字塔。修建金字塔的工期漫长，工程浩大，没有统一的量度单位是不行的。可是肘尺都不一样，怎么统一呢？比较通行的做法就是实测一下法老的肘长，用这个长度作为标准尺。但是每个法老的身材都不一样，所以每个法老在位时的肘尺也不一样，图特摩斯一世时代的肘尺比胡夫时代的肘尺长，说明图特摩斯一世的胳膊比胡夫的胳膊长。

古希腊也有尺，跟中国尺和埃及尺都不同，希腊尺走了下盘，是按脚掌的长度来定的。我们知道，古罗马继承了古希腊的文化，所以罗马尺也是脚的长度。公元1世纪，罗马军团远征不列颠，英格兰成为古罗马的一个行省，罗马尺随之传到英国。现在英尺的英语单词是foot，foot不就是"脚"吗？

布指知寸

东汉许慎在其所著的《说文解字》解释"尺"字："尺，十寸也，人手却十分动脉为寸口，十寸为尺。"1尺等于10寸，尺是从寸得来的。从手腕底缘到脉门是1寸，累积10寸得到1尺。

许慎是大学问家，但他在尺寸问题的理解上有些问题。第一，古代中国是先有的尺，后有的寸，"十寸为尺"是在尺和寸都诞生以后才提炼出来的数量关系；第二，"寸"这个单位也不是起源于脉门，而是起源于指节，儒家经典《孔子家语》说的是"布指知寸"，伸开手指，得到了寸。

人有双手，每只手都有五根手指，每根手指都有若干指节，这些指节的长度并不一致，究竟应该从哪一根指节得到寸的长度呢？

答案是，成年男子食指的最上面那段指节，长约2厘米多一点，这也是秦汉时期1寸的长度。

不过，从汉朝之后（图1-17），特别是到了唐宋时期，尺寸变得越来越大，1尺的实际长度远远超过了1拃，1寸的实际长度也远远超过了食指的指节，古人只得将大拇指的最上面那段指节定为1寸。

图1-17　汉代铜矩尺（出土于陕西省延安市子长县桃园村。"矩"是画方和测方的工具，"矩尺"既可以画方，又可以测量长度）

度量衡简史：世界的尺度

中国寸来源于指节的长度，英国寸则来源于指头的宽度。

就像英尺是古罗马的遗产，英寸也是古罗马的遗产。古罗马人将脚掌的长度定为1尺（30厘米左右），将大脚趾的宽度定为1寸（2.5厘米左右）。罗马人通过实测发现，脚掌长度大约是大脚趾宽度的12倍左右，所以他们将1尺定为12寸（图1-18）。公元1世纪，罗马人占领了英格兰，此后1英尺也等于12英寸。

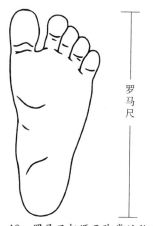

罗马尺

图1-18　罗马尺起源于脚掌的长度

中国的尺和寸之间是十进制关系，好算；英尺和英寸之间是十二进制关系，不好算。既然不好算，为什么不改成十进制呢？为什么不让1英尺等于10英寸呢？因为这是从古罗马时期就沿袭下来的老传统，已经使用了两千多年，文化惯性太大，很难改掉。而古罗马采用这样一种十二进制的数量关系，也不是因为罗马人偏爱十二进制，仅仅是因为大脚趾宽度碰巧是脚掌长度的十二分之一罢了。如图1-19所示，这是一张古罗马庞贝古城遗址中出土的混凝土桌子。

图1-19　古罗马庞贝古城遗址中出土的一张混凝土桌子（该混凝土桌子上有一排大小不等的圆孔，这其实是让顾客检验所购货品是否足量的一种度量工具）

英寸对应两个英文单词，一个是inch，另一个是uncia。这个uncia正是古罗马时代的拉丁语，本意就是"十二分之一"。

布手知尺，布指知寸。尺寸都源于人体，这绝非巧合。遥想当年，人类文明刚刚冒出一点苗头，老祖宗们茹毛饮血，穿着兽皮在山洞里穴居，不可能发明出一整套测量工具，他们想量出猎物的长度和同伴的高度，想知道自己为了追逐猎物究竟跑了有多远，靠什么量？只能靠手和脚。看见较长的物体，用脚掌去量，用手掌去量，用胳膊肘去量；看见较短的物体，用指宽去量，用指节去量：都是很自然的事情。

事实上，人类历史上涌现出的许许多多长度单位，都跟人体有关。

古代英国有一个长度单位fathom，意思是展开双臂，双手伸直，从左手指尖到右手指尖的距离。

中国也有与上述"英尺""英寸"相类似的长度单位，从春秋战国时就存在，当时称为"寻"，现在俗称"一庹"（庹字读"妥"，tuǒ），指的也是展开双臂，双手伸直，从左手指尖到右手指尖的距离。

我们还知道，美国作家马克·吐温在密西西比河上当过领航员，密西西比河上的船夫习惯用一条打了三个结的绳子来测量水深。这根绳子的第一个结叫mark over，第二个结叫mark twain，第三个结叫mark under，三个结之间的距离都是1寻，也就是双臂展开的间距。领航员把绳子垂到水里，看绳结报水深，假如他喊的是"mark over"，说明水深1寻；喊"mark twain"，说明水深2寻。如此测量水深，归根结底也是用人体去量的，只不过用了一条绳子当媒介，领航员不用跳到水里去。

俄国有一个长度单位"沙绳"，又译为"俄丈"，也跟英国的fathom和中国的寻相同，都是双臂双手伸直的长度。俄国还有"半沙绳"和"斜沙绳"这两个长度单位，前者是沙绳的一半，后者是从左脚脚跟到高高举起的右手大拇指指尖的距离。但不管哪个"沙绳"，都是借助人体量出来的。

听声音，定尺寸

古代中国有一个传说，见于东晋王嘉《拾遗记》。

当年大禹治水，凿开了龙门山，无意中发现一个深不见底的石洞。大禹好奇，钻进去探险，越往里走，里面越暗。走着走着，大禹眼前突然一亮，面前出现一只长得像猪的神兽，嘴里衔着一颗闪闪发光的夜明珠，给大禹照明和引路。在这只神兽带领下，大禹又走了好久，终于走到石洞的尽头。石洞尽头除有一支玉简，其他啥都没有，玉简上还有尺和寸的刻度。大禹知道，这是神仙赐给他的度量工具，他开心地拿起玉简，走出了石洞，然后根据这支玉简上标定的刻度，仿造出了木尺、竹尺和卷尺。大禹教导工匠用这些尺子测量土方，提高了工作效率，加快了治理洪水的进度。

也就是说，大禹（图1-20）之前的古代中国没有尺和寸的概念，更没有尺子，自从天神将玉简赐给大禹，人间才有了度量单位和测量工具。

图1-20 古籍中的大禹画像

现代人肯定不信这个传说，但王莽相信。

王莽篡夺西汉政权，建立新朝。他是理想主义者，将儒家经典和谶纬之术奉若神明，在儒经和巫术的指导下推行改革。他改革了货币，改革了官制，也改革了度量衡。他认为，秦朝和汉朝的尺度都是人为规定的，所以也都是错误的，只有上天定下的尺度才是正确的尺度。可是大禹得到的那支玉简早就在之后的战乱中丢失了，要想恢复天定的尺度，只能从其他方面寻找启示。

在儒生和巫师的建议下，王莽采用律管来厘定长度。那是一套用黄铜铸造的定音器，包括12根铜管（图1-21），粗细相等，长短不同，分别命名为"黄钟""大吕""太簇""夹钟""姑洗""中吕""蕤宾""林钟""夷则""南吕""无射""应钟"。其中黄钟最长，大吕次之，太簇又次之，夹钟再次之……无射较短，应钟最短。

度量衡简史：世界的尺度

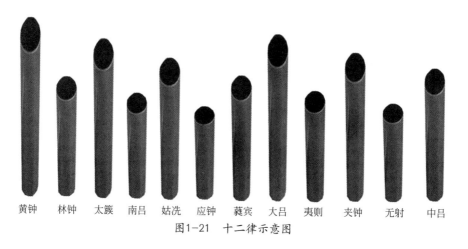

黄钟　林钟　太簇　南吕　姑洗　应钟　蕤宾　大吕　夷则　夹钟　无射　中吕

图1-21　十二律示意图

学过中学物理的朋友都知道：同等材质、同等粗细的物体，长度越长，振动频率越低，敲起来声音越沉闷；反过来，长度越短，振动频率越高，敲起来声音越清脆。大约从周朝开始，古人设计了这么一套长短不等的管子，组成12个彼此之间都是半音关系的音高系统，简称"十二律"。很明显，在十二律当中，黄钟的音高最小，应钟的音高最大。

在王莽和他的"智囊团"看来，音律和尺度都是上天恩赐的礼物，它们之间存在着神秘的关联，从尺度可以推导出音律，从音律也可以推导出尺度；现在尺度不规范、不符合天道，那不要紧，只要能把音律弄规范，就能据此制定出一套规范的尺度。

王莽请来最高明的乐师，一遍又一遍地测试十二律，铜管长则修短，短则加长，直到每个音高都非常标准为止。然后，他以音高最小的黄钟为基准，将黄钟的长度定为9寸，先得出每寸的长度，再乘以10，进而得到了尺的长度。

商朝就有尺，周朝也有尺，秦汉都有尺。不仅如此，战国时代的秦国大臣商鞅还统一过度量衡，用行政力量强制颁定统一的尺度。但是，王莽对这些已有的尺度统统不看好，他坚信只有自己通过音律弄出来的尺度才是最理想的尺度。

台北故宫博物院现藏一根王莽时代的铜丈，即长达1丈的标准量器，经实测，长229.2厘米。1丈等于10尺，说明王莽时代1尺是22.92厘米，比秦朝的尺和西汉的尺略微短一些。

中国国家博物馆也收藏了一副王莽时代的标准量器，其官方称谓为"新莽铜卡尺"（图1-22），设计精巧，结构复杂，既可以测量圆形物体的直径，也可以测量容器的深度。该尺刻有"寸"和"分"两种刻度，1寸为10分。经实测，每寸长2.49厘米，每分长0.249厘米，进而可以得知，每尺长24.9厘米。

同样都是王莽颁定的标准量器，前者1尺长22.92厘米，后者1尺长24.9厘米，误差绝对不小。

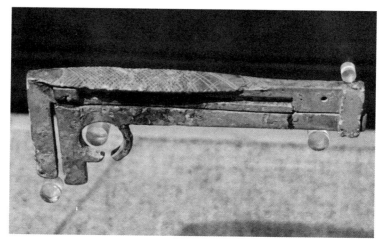

图1-22　新莽铜卡尺

为啥会有这么大的误差呢？

第一种可能：两个量器当中有一个是赝品，是伪造或者仿造的，长度不标准。

第二种可能：它们都是真品，只因为在地下埋藏过久，氧化锈蚀加上地壳应力，致使其中一个发生了变形。

第三种可能：王莽多次用音律定尺度，每次得到的尺度都不一致，所以颁定的标准量器也不一致。

大麦和鞋码

《汉书·律历志》记载了王莽改革度量衡的理论和方法：

度者，分、寸、尺、丈、引也，所以度长短也。本起黄钟之长，以子谷秬黍中者，一黍之广，度之九十分，黄钟之长。一为一分，十分为寸，十寸为尺，十尺为丈，十丈为引，而五度审矣。

所谓长度单位，就是分、寸、尺、丈、引，用来测量不同物体的长短。标准长度来源于黄钟的长度，但是要用粮食颗粒的长度进行校准。

取90粒成熟、饱满、大小均匀的黍子（禾本科植物黍的种子，又叫"糜子""黄米"），并排放在一起，90粒黍子的宽度就是黄钟律管的标准长度。再将这根黄钟律管的长度定为9寸，将1寸的十分之一定为1分，将1寸乘以10倍得到1尺，将尺乘以10倍得到1丈，将丈乘以10倍得到1引。将黄钟定音和黍子并排这两种方法结合起来，最终得到分、寸、尺、丈、引这五种单位的标准长度。

王莽测定尺度时，后期可能认识到用定音来定长的方法并不合理——影响音高的因素不仅仅是长度，还有粗细、密度、材质等其他条件，长度完全相同的两根铜管，音高并不一定相同。反过来说，你拿出几十根黄钟来，音高都一样，长度却可能千差万别。

跟千差万别的律管相比，粮食颗粒差别并不大，从同一块黍子地里采集的黍子，随便抓一把出来，剔除掉没有长饱满的颗粒以及被鸟雀啄残的颗粒，剩下的颗粒在宽度、长度和重量上，相差不会超过1%。将100粒黍子横排并放，中间不留空隙，将总长度（相当于100粒黍子的总宽度）定为1尺，确实比用律管定长务实得多，根本用不着再让黄钟律管来插一杠子。王莽既用黍子，又用黄钟，要么是画蛇添足，要么是为了增加仪式感和神秘感，为了表明"上应天道"。

感兴趣的朋友不妨自己做做实验，去超市里买一些脱过壳的黍子（图1-23、图1-24），数出100粒，并排横放（千万不要搞成首尾相连），用直尺去量，实测长度应该在22厘米到25厘米之间，与秦汉尺和王莽尺的长度差不太多。

王莽死后一千年，西方世界也开始用粮食颗粒来规范尺度。

公元1066年，德皇威廉一世征服英格兰，宣布3颗大麦首尾相连的长度为1英寸。

公元1300年，英王爱德华一世颁布法令，将3颗大麦首尾相连的长度定为1英寸，将36颗大麦首尾相连的长度定为1英尺。

图1-23　黍（禾本科植物，又名"稷"）

图1-24　黍子（俗称"糜子""黄米"）

　　公元1324年，英王爱德华二世进一步优化爱德华一世的规定，取3颗干燥的、饱满的、从麦穗中间部位摘取的圆形大麦，将首尾相连的长度定为1英寸，将36颗干燥的、饱满的、从麦穗中间部位摘取的圆形大麦首尾相连的长度定为1英尺。

后来英国人殖民印度，发现印度寸比英寸要长，1印度寸是1英寸的1.32倍，因为印度人将3颗大米首尾相连的长度定为1寸，而大米要比大麦稍微长那么一点点，所以印度寸比英寸要长。

印度人用大米测定尺寸，并不是跟英国人学的；英国人用大麦测定尺寸，也不是跟王莽学的。在种植业发达的欧亚大陆上，任何一个文明都有可能自主发明出用谷物规范度量衡的方法。因为谷物是最普遍的商品，在杂交技术和转基因技术成熟之前，同一种谷物的形状和大小差不多，天然适合作为测量标准。

早在古希腊时代，地中海沿岸生长着一种角豆，种子细小，重量很轻，质量很稳定，古希腊珠宝商就用它们给钻石称重。在天平一侧放钻石，另一侧放角豆的种子，天平稳定平衡时，数一数种子的数量，1粒种子就是1克拉，10粒种子就是10克拉，100粒种子就是100克拉。现在我们知道，克拉是钻石最通用的重量单位，这个词正是源于古希腊语，本义意指"角豆"。

在没有度量工具的时代，我们用人体来度量；在度量工具不统一的时代，我们用种子进行统一。你看，我们地球人就是这么聪明。

这里还有一个有趣的知识点，跟鞋子的尺码有关。

我们中国人买鞋，一定会看鞋码。男人脚大，穿43码、42码、41码、40码的鞋；女人脚小，穿39码、38码、37码、36码的鞋；孩子脚更小，穿十几码和二十几码的鞋。我们说的这些鞋码，其实都是欧洲鞋码，而欧洲鞋码最初是由大麦来测定的：37码就是37粒大麦首尾相连的长度，41码就是41粒大麦首尾相连的长度。一言以蔽之，你的脚长等于多少粒大麦，就穿多少码的鞋子。这是英王爱德华二世用大麦校正英寸和英尺时期形成的传统，在欧洲盛行了几百年，民国时期才传入中国。

膨胀的尺度

公元1593年，英国女王伊丽莎白一世颁布《度量衡法》，仍然延续爱德华一世和爱德华二世的做法，将3粒大麦首尾相连的长度定为1英寸，将36粒大麦首尾相连的长度定为1英尺。所以，英寸和英尺在这几百年间既没有明显变大，也没有明显变小。

中国则不然。

西汉与东汉之间的王莽时期，1尺在23厘米上下浮动；南北朝时期，1尺暴增到30厘米；隋唐时代，1尺在30厘米上下浮动；两宋时期，1尺在31厘米上下浮动；到了元朝，1尺又暴增到35厘米左右；明清时期，1尺回缩到32厘米左右。公元1909年，清政府向国际度量局定制"尺之原器"，用铂铱合金打造了一副标准尺，长达32厘米；民国时期，南京国民政府再次改革度量衡，为了简化传统市尺与国际通行的公尺（米）之间的换算关系，规定3尺等于1米，1尺又膨胀到33.33厘米，如图1-25所示。

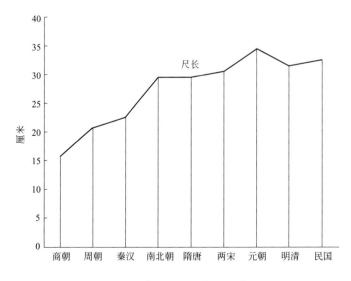

图1-25 中国历代尺度演化情况

从王莽改革度量衡到民国改革度量衡，千余年期间，尺度呈现出整体膨胀的大趋势。特别是魏晋南北朝时期和元朝，尺度膨胀得尤其厉害。

宇宙在膨胀，我们知道。通货在膨胀，我们也知道。尺度怎么也会膨胀呢？

清朝康熙帝主编的《御制律吕正义》给出一个不算答案的答案：横累百黍为古尺（莽尺）一尺，今则以纵累百黍为营造尺之一尺。从前1尺是100粒黍子并排相连的长度，现在（指清朝）1尺是100粒黍子首尾相连的长度。黍子是枣核形的，中间鼓、两头尖，横着量偏短，竖着量偏长。虽然说单粒黍子的横长和竖长相差无几，可是把100粒黍子累加起来，就会造成将近10厘米的巨大差距。

问题在于，以前为什么要横着量？后来为什么又改成竖着量了呢？

王莽时代"横累百黍"，一是为了迎合秦汉时期的旧尺——秦汉时期1尺大约23厘米，恰好是100粒黍子并排横放的总长度；二是为了给民间用尺提供一个简便易行的校正标准。

实际上，王莽改革度量衡之前，官府早就有了标准尺，但民间用尺长短不齐，误差太大，要想把市面上所有的尺子给改过来，只能依次用标准尺作比对，成本太高，工期太长，就凭古代官府的技术手段和行政效率，根本不可能做到。当王莽发现"横累百黍"碰巧与官府标准尺等长以后，统一度量的工作就好办多了，只需要发一道圣旨，告诉地方官府和全国老百姓，"横累百黍"可以校准尺度，那这项工作在老百姓家里就能搞定了。

我们不妨设想这样一个历史场景：

张三去李四店里买布，发觉李四的尺子太短，李四矢口否认，两人争吵起来。这时候需要官老爷拿着标准尺去仲裁吗？完全不需要。张三抓一把黍子，数出100粒来，一粒一粒"横累"到李四柜台上，用李四的尺去量。如果尺长与黍长差不多，就能证明李四的尺确实是标准尺，反之就不是标准尺，他就有理由让李四更换一把合乎标准的量布尺。

好吧，既然"横累百黍"足以校正尺度，后来为何改成"纵累百黍"呢？

因为尺度在不断膨胀，横累百黍只能校正秦汉时期的短尺，不能校正南北朝时期和唐宋元明清时期的长尺。

膨胀于无形，使人不怒

现在问题又回来了：古代中国的尺度为什么不能老老实实地保持不变？为什么非要膨胀下去呢？

因为古代中国统治者的特殊属性——剥削。

从秦汉到明清，历朝历代的统治者都会从民间征收丝绸和布匹。比如说，王莽在位时让不事农耕的城市居民缴纳布匹，每人每年缴纳1匹布；曹操打败袁绍后，地盘得以扩充，让农民每户每年缴纳2匹绢；西晋司马炎平定吴国，让江南百姓中的成年男子每人每年缴纳3匹绢，女子及未成年男子每人每年缴纳1.5匹绢；南北朝时的北魏推行"均田令"，让分到土地的农民每户每年缴纳1匹布；隋唐推行"租庸调"，隋文帝命令每户每年缴纳1匹绢或者1.5匹布，唐高祖则命令成年男子每人每年缴纳0.5匹绢或者1匹布；北宋后期，宋徽宗让民间成年男子每人每年缴纳0.3匹绢，后来又改成每人每年缴纳1匹绢；元朝统治期间实行"包税制"，让一个或几个商人承包整个江南地区的丝绸征收任务，每年从江南征收丝绸几十万匹……

除了征收，官府还征购。与无偿征收不同，征购是花钱从民间买，但价格却由官府来定，一般都要比市价低。例如王安石变法时期，一些急于完成"创收"任务的地方官从民间征购布匹,每匹绢市价3000文,只给民间卖者1500文,官府倒手卖掉,可得整倍之利。

征购也好,征收也罢,归根结底都是剥削。在漫长的专制时代,"率土之滨,莫非王臣"。理论上朝廷想怎么剥削都可以,老百姓没有资格抗议。但是中国还有一句古话,"水能载舟,亦能覆舟。"统治者剥削过了头,老百姓被逼急了,也有可能揭竿而起,掀翻统治者的王朝。所以,剥削又是一门技术活儿,需要高明的政策设计。春秋时期的齐国政治家管仲(图1-26)说过:"取之于无形,使人不怒。"最高明的剥削总是在悄无声息中进行的,老百姓察觉不到,不至于发怒。

图1-26 台湾地区台南县麻豆镇代天府供奉的管仲神像

管仲发明了一个悄无声息的剥削手段:盐铁专卖。食盐,人人都要吃;铁器,家家都要用。管仲把这两样生活必需品的生产和销售收归国有,低成本生产,高价格销售,巨大利差让齐国财政吃成胖子,而老百姓仅仅感觉到盐和铁变贵了,却不知道本质上是他们承担的赋税变多了。

汉朝统治者也发明了一个悄无声息的剥削手段:通货膨胀。五铢钱本该重5铢(24铢为1两),朝廷再铸新钱时,铸成4铢、3铢、2铢,甚至1铢,面值仍旧是5铢,并且强行用这些不足值的新钱去回收足值的老钱,造成物价腾飞。老百姓呢?仅仅是感觉物价上涨了,钱不值钱了，却不知道本质上是他们承担的赋税变多了，正所谓"大盗不盗，物价涨了一倍，你口袋里的钱就少了一半"。通货膨胀这种手段，在汉朝以后被长期使用，唐朝用过，宋朝用过，元朝用过，明清也用过，有时用在铜钱铸造上，有时是印成面额越来越大、购买力越来越小的"会子""宝钞"等纸币。即使是到了今天，为了增加财政收入和刺激经济发展，世界上绝大多数国家仍然在采用这种手段。区别仅仅在于，现代政府更加成熟，不会让货币暴涨暴跌，通货膨胀的速度不至于那么吓人。

尺度膨胀是古代中国统治者发明的另一种"使人不怒"的高明手段，它能让统治阶级悄无声息地多收丝绸和布匹。

让我们再设想一个历史场景。

旧王朝灭亡，新君主登基，一边大赦天下，一边昭告百姓，宣布"轻徭薄赋"的国家政策，定下"永不加赋"的祖宗家法。

老百姓听了，欢欣鼓舞，奔走相告："以前那个皇帝让我们每人每年交3匹布，搞得我们生不如死，现在好了，每人每年可以少交1匹布！"

但是，他们不会开心太久，因为新王朝悄悄地改变了官尺，从前1尺是23厘米，现在膨胀到了30厘米。这个小小的尺度膨胀好像没什么问题吧？其实问题更大了——按照秦汉时的标准，每匹布"宽二尺二寸，长四丈"，宽度是2.2尺，长度是40尺，按1尺等于23厘米换算，宽50.6厘米，长920厘米，面积是46552平方厘米；改换新尺征收布匹，每匹布还是宽2.2尺，长40尺，但按1尺等于30厘米换算，宽66厘米，长1200厘米，面积是79200平方厘米，新王朝1匹布相当于旧王朝的1.7匹。

表面上看，新王朝每人每年比过去少缴纳1匹布。实际上，每人每年要比过去多贡献0.4匹布。赋税不但没减轻，反而还变重了。

当然，新王朝一般不会做得这么绝，朝廷说要"与民休息"，可能会真的这样做（五代十国和元朝除外）。可是开国皇帝或许能做到轻徭薄赋，继任者为了填补国家财政和宫廷开支的亏空，不可能真的"永不加赋"。既要增加税收，又不能破坏开国皇帝的祖宗家法，怎么办？要么巧立名目，开创新的税源；要么改变度量衡，悄无声息地多收布匹和粮食。

所以在古代中国，尺度膨胀是不可避免的。

官尺变了，民尺乱了

为了征收更多的布匹，官尺朝着膨胀的方向一路狂奔，民间用尺就跟不上脚步了。

以北宋为例，中央财政机关三司的量布尺长达31厘米。而在同一时期，福建民间的量布尺仅有28厘米，浙江民间的量布尺仅有27厘米，比官尺"落后"了一大截。

要说民间用尺统统比官尺短，那也不一定。同样在北宋，同样是量布尺，淮南民间1尺竟然长达35厘米到36厘米，比官尺还要长。

即使在官府那里，尺度也没有统一。在宋元明清四朝，按照用途划分，有量布尺、量地尺、木工尺、营造尺、音律尺、天文尺，每种尺的长度都不一样。一般来说，量地尺和量布尺更新换代比较快，稍微长一些；木工尺和营造尺有师徒之间的代际传承，更新换代比较慢，稍微短一些；音律尺和天文尺基本上都是参照旧标准制造出来的，除非古尺失传，才有可能组织专家仔细考证，再造新尺，所以音律尺和天文尺都是最短的尺。

以唐朝为例，官方量地尺在30厘米左右，营造尺在28厘米左右，而僧人一行测量子午线的天文尺仅有24.6厘米长。

再以明朝为例，按照现代尺度换算，当时官定的量布尺为34.05厘米，量地尺是32.6厘米，营造尺则是32厘米。朱元璋在位时，发行过纸币"大明通行宝钞"，这种纸币的购买力之后迅速贬值，但是印刷质量非常精美，纸币尺寸也非常大，堪称中国历史上最宽最长的纸币。最有意思的是，这种纸币的尺寸还严格遵循各种官尺——纸币外缘是量布尺的长度，内缘是量地尺的长度，最内黑边是营造尺的长度。民间交易找不到标准尺，掏出一张大明通行宝钞（图1-27），就能当标准尺使用。

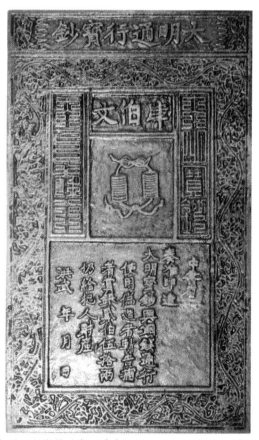

图1-27　大明通行宝钞（朱元璋在位时的"大明通行宝钞"印版，版上文字本是反刻的，此图是翻转后的效果，便于识读）

民间用尺更加混乱。仅以量布尺为例，明朝江南地区1尺大约32厘米，闽南地区1尺则有34厘米，中原地带的量布尺又仅有30厘米。设想一下，明朝的河南人去福建买布，假如布价相同的话，河南人一定占便宜；反过来说，如果布价不变，福建人到河南买布，一定会觉得吃亏，因为他会明显发现他买到的布偏短。

受中华文明影响，日本尺也没有一个固定不变的标准。

日本出现过周尺、晋尺、曲尺。曲尺大约30厘米，晋尺大约24厘米，周尺大约20厘米。这些尺，分别来自中国的不同朝代。其中曲尺来自唐朝，晋尺来自魏晋，周尺来自先秦。中国尺在膨胀，日本尺也随之膨胀。现代日本人依然使用"尺"这个长度概念，指的主要是曲尺。曲尺在明治维新时期被固定下来，1尺约等于30.3厘米。

在清代的台湾省，民间用尺更是混乱到了极点，仅在台北一地，市面上就有裁缝尺（裁缝店用尺）、家内尺（家庭裁衣尺）、苎仔尺（量苎麻布的尺）、麻布尺（量黄麻布的尺）、丈量尺（即量地尺）、文公尺（用于建筑测量，即营造尺）、丁兰尺（也用于建筑测量，是另一种营造尺）等尺度。其中文公尺最长，1尺为42厘米；苎麻尺最短，1尺为21厘米，仅相当于文公尺的一半。丁兰尺和文公尺都是营造尺，但是尺寸单位却不一样，丁兰尺1尺等于10个"丁兰寸"，文公尺1尺等于8个"文公寸"。文公寸是最大的寸，比"苎麻寸"长两倍还要多。

台湾原住民用尺更不标准，汉化程度较深的阿美人和卑南人学会使用汉族的一些尺，汉化程度较浅的泰雅人只会用手掌和手臂去量算长度，称汉族的"一拃"为tulop。但这tulop又不统一，有时指的是从拇指尖到中指尖的间距，有时指的是从拇指尖到食指尖的间距。

第一章

一、米行柜长

让战舰沉没的荷兰寸和瑞典寸

亚洲的尺寸如此混乱，欧洲是否好一点呢？

结论是，欧洲同样混乱。

12世纪中叶，苏格兰国王大卫一世颁布《度量衡法》，规定成年男子拇指的指甲宽度等于1寸。拇指有粗细，指甲有宽窄，大卫一世召集一大群成年男子，依次测量他们拇指指甲的宽度（图2-1），对测量结果取平均值，作为苏格兰的标准寸。

英寸

图2-1　英寸起源于成年
男子拇指的宽度

苏格兰在英格兰北部，英格兰寸是拇指的宽度，苏格兰寸是拇指指甲的宽度，照理说苏格兰寸应该比英格兰寸短一点。可是不知道为什么，也许大卫一世测定标准寸时，召集的那帮男子拇指指甲碰巧很宽吧，反正自从大卫一世以后，苏格兰寸就比英格兰寸还要长。长多少呢？1苏格兰寸等于1.0016英格兰寸，前者比后者长约0.16%。

不到千分之二的差距，似乎可以忽略不计，但是几十万寸、几百万寸地累积起来，差距就惊人了。英格兰纺织工业发达，苏格兰制衣商都去英格兰采购布料，他们按苏格兰寸做预算，而英格兰那边的供货商却是按英格兰寸发货，苏格兰制衣商总是吃亏，于是双方争执不断。

英格兰兵强马壮，国力雄厚，建议苏格兰改变度量，使用英格兰寸。苏格兰民族情绪高涨，拒绝接受英格兰寸。直到18世纪初，苏格兰与英格兰正式合并，两国使用同一种货币和同一套度量衡，苏格兰才开始从名义上改用英格兰寸。

本书开头说过，法国寸跟英格兰寸也不一样，1法寸等于1.068英寸，比苏格兰寸还要长。

从19世纪起，法国牵头推行公制（又叫"米制"），呼吁用"米"和"厘米"来代替传统的尺寸。20世纪后半叶，欧洲大部分国家相继采用公制单位。在此之前，各国尺寸都不一样，这给欧洲人的生产、生活以及国际贸易带来极大的不便，甚至造成了一些安全事故。

1628年8月，瑞典建造的"瓦萨"号战舰（图2-2）首航，装载了64门大炮，这是当时世界上装备最齐全、武装程度最高的战船。但这艘战舰刚刚出海十几分钟，离岸才1300多米，就在瑞典国王古斯塔夫·阿道弗斯和码头上围观群众的眼皮底下沉没了。

图2-2　瑞典斯德哥尔摩瓦萨博物馆陈列的"瓦萨"号战舰

"瓦萨"号的沉没，正是尺寸不统一造成的恶果。1961年，人们打捞出这艘战舰后发现，左舷明显比右舷更厚更长。船上遗留的造船工具显示，负责造左舷的瑞典船工用的是瑞典寸，负责造右舷的荷兰船工用的是阿姆斯特丹寸，瑞典寸比阿姆斯特丹寸长得多，致使左右两舷不对称，重心不稳，海风一吹，船就歪歪斜斜摇摇晃晃地翻到大海里去了，船上150名船员当中至少有30人当场丧命，最终死亡数字可能多达50人。

中国尺寸混乱，跟官尺不断膨胀有关，同时也跟信息沟通不畅和商界齐行抬价有关。官尺变了，民尺没变，官民尺度就有了差异；甲地变了，乙地没变，区域尺度就有了差异；布行变了，丝行没变，行业尺度就有了差异。

欧洲尺寸混乱，主要是因为欧洲不统一，各国的地理、历史、民族、宗教往往不同，经济发展程度差异更大，甲国用希腊尺，乙国用罗马尺，丙国用日耳曼尺，丁国用诺曼尺，国与国之间的尺寸当然不一样。虽然说欧洲大部分国家的传统度量单位都源于古罗马，"寸"这个单位都跟大拇指有关，但是如前所述，人手有大小，拇指有粗细，甲国用本国君主的拇指宽度作为标准寸，乙国则可能用抽样调查所得的拇指平均宽度作为标准寸，丁国又将拇指指甲的宽度确定为标准寸，怎么可能不混乱呢？

"尺、寸"是传统欧洲最基本的度量单位，尺寸上的混乱自然要引起其他长度单位的混乱。

比如说，英里是较长的长度单位，用来度量速度和距离，它来源于古罗马。1英里本来是指罗马士兵行走1000步的距离。这里的"步"与古代中国有所不同，古代中国人将双脚各跨一次的距离称为1步，古罗马将跨出一脚的距离称为"1步"。虽说欧洲人比中国人的步幅大，但是罗马步却比中国步的实际长度短。

公元前29年，罗马统帅马尔库斯·阿格里帕（Marcus Agrippa）将罗马里标准化，将1000步等同于5000尺。后来英国继承了这个标准，1英里也等于1000步或者5000英尺。公元1593年，英国女王伊丽莎白一世改革度量衡，1英里还是1000步，但却不再是5000英尺了，而是改成5280英尺。伊丽莎白一世的英里标准并没有得到所有英国人的承认，在她统治英国的时代，北爱尔兰里是英里的1.27倍，威尔士里又是英里的3.8倍。

"里"的差异如此之大，一是因为"步"的标准不一致，二是因为"尺"的标准也不一致。事实上，直到1959年7月，英联邦和美国才达成共识，统一将1尺（foot）定为12寸（inch），将1寸定为2.54厘米。而在英美达成共识之时，公制单位早已普及大半个欧洲，传统尺寸是否统一其实已经不太重要了。

裘千仞、裘千丈、裘千尺

传统尺寸在古代中国也曾经衍生出其他长度单位，包括比"尺"长的"丈""引""仞"，以及比"寸"短的"分""厘""毫""丝""忽"。

这些长度单位之间，大多是十进制关系。例如1丈等于10尺，1引等于10丈。再例如1寸等于10分，1分等于10厘，1厘等于10毫，1毫等于10丝，1丝等于10忽。

也有不是十进制的长度单位，"仞"就是一个例子。

"仞"是度量深度和高度的单位，起源于身高，相当于一个成年男子的高度。古人看见一条沟，想知道有多深，可能会跳进去估量一下，如果齐腰深，那就是半仞，如果需要两个人叠罗汉才能与沟齐平，那就是两仞。同样，古人想报出墙的高度、山的高度，也可以采用这种非常粗略的估量方法。《列子·汤问》叙述愚公移山的传说："太行、王屋二山，方七百里，高万仞。"太行山和王屋山方圆七百里，大约有一万个人摞起来那么高。

"仞"与另外一个长度单位"寻"是等长的，因为寻是双臂展开时从左手中指尖到右手中指尖的距离，这个距离恰好等于人的身高。读者朋友如果不信，可以用卷尺给自己量一下，只要您不是刘备那样垂手过膝、胳膊特别长的奇人，测量结果是不会差太多的。

人有高矮，仞有大小，为了将"仞"放进长度单位的大家族，为了让"仞"跟其他长度单位扯上关系，古人给出一个明确的定义：1仞等于8尺。不过随着尺的不断膨胀，后来1仞又改成了7尺。

在金庸武侠小说里，铁掌帮帮主名叫裘千仞，轻功绝顶，铁掌霸道，江湖人称"铁掌水上漂"，武功仅次于东邪、西毒、南帝、北丐。裘千仞的同胞哥哥叫裘千丈；二人的胞妹叫裘千尺。1丈为10尺，1仞为7尺，尺比仞小，仞又比丈小，所以年龄最大的哥哥叫"千丈"，年龄最小的妹妹叫"千尺"，年龄居中的二弟叫"千仞"。这说明裘千仞的父母很有文化，不然取不出如此贴切的名字。更准确地说，是金庸先生很有文化，因为裘氏兄妹的名字都是金庸给取的。

仞比尺长，分比寸短。作为长度单位的分，在古代一些木尺上也有标注，但是比分更小的单位就标注不出来了。为啥？因为太过短小，古代的测量工具无法量算，只有理论上的意义，不可能用于实际测量。

如前所述，10分为1寸，10厘为1分，10毫为1厘，10丝为1毫，10忽为1丝。按照康熙年间的官定量地尺，1尺32厘米，1寸3.2厘米，那么1分就是3.2毫米，1厘就是0.32毫米，1毫就是0.032毫米，1丝就是0.0032毫米，1忽就是0.00032毫米，也就是0.32微米。现在的螺旋测微器（图2-3）可以测出10微米的长度，通过估读才能测到1微米，零点几微米休想估测。全世界第一个能将测量精度达到微米级别的仪器，到公元1884年才由瑞士人安东尼·勒考特（Antoine LeCoultre）发明出来，古代中国人怎么可能在测量工具上准确地刻画出"毫""丝"和"忽"来呢？

既然测量工具不可能这么精确，古人搞出这么琐碎、细小的单位又有什么用呢？

答案是，这些都是古代官府和地方官员在赋税征收和政绩考核过程中被迫发明的虚拟单位。

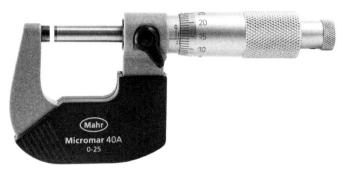

图2-3 螺旋测微器（又名"千分尺"）

比纳米还小的中国尺度

古代朝廷征收赋税，需要自上而下分解任务：中央分解到行省，行省分解到府道，府道分解到县，县分解到乡，乡分解到村，村分解到户。如此层层分解，一定会把整数单位分解成极为琐碎的细小单位。

打个比方说，朝廷要征收10000丈布，分解到20个行省，每省要缴500丈；某省再分解到20个府，每府要缴25丈；某府再分解到5个县，每县要缴5丈；某县再分解到4个乡，每乡要缴1.25丈；某乡再分解到20个村，每村要缴0.0625丈；某村再分解到100户，每户要缴0.000625丈。具体到每户时，赋税指标成了0.000625丈，也就是0.00625尺、0.0625寸、0.625分。古代中国的计量数值没有小数点，想表达出0.625分，只能发明更小的长度单位"厘""毫""丝""忽"……结果就在基层的赋税文件上形成"户均六厘二毫五丝"这样的表达。

以上比方是假定每个层级的赋税分解都是平均分配，并且都可以整除。实际上，各地人口不等，贫富不均，赋税分配不可能平均。朝廷收10000丈布，可能会分给江南某省三分之一的任务，分给西北某省九分之一的任务。拿10000除以3，除不尽；除以9，还除不尽。户部官员造账册时，为了做到尽可能精确，只能给江南某省造出3333.333333丈的指标，给西北某省造出1111.111111丈的指标，写在账面上就是"三千三百三十三丈三尺三寸三分三厘三毫三丝三忽"和"一千一百一十一丈一尺一寸一分一厘一毫一丝一忽"。然后，从省再分解到府，从府再分解到县，从县再分解到乡，小数点后面的位数越来越多，连"忽"这种微米级别的单位都不够用了，还要再造出更加细小的单位。

有没有更细小的单位呢？还真有。至少从明朝起，各地赋税记录中就出现了"微""纤""沙""尘""埃""渺"等单位。例如嘉靖二年，江苏溧水县每亩桑田要缴纳的丝绸数量是"二尺八寸八分四厘七毫七丝一忽三微三纤三沙三尘三埃三渺"。换算关系是这样的：10忽为1丝，10微为1忽，10纤为1微，10沙为1纤，10尘为1沙，10埃为1尘，10渺为1埃。按明代官定量布尺等于34.05厘米计算，1寸为3.405厘米，1分为3.405毫米，1厘为0.3405毫米，1毫为0.03405毫米，1丝为0.003405毫米，1忽为0.3405微米，1微为0.03405微米，1纤为3.405纳米，1沙为0.3405纳米，1尘为0.03405纳米，1埃为0.003405纳米，1渺为0.0003405纳米，也就是0.3405皮米——在这种微小到变态的尺度下，我们完全可以清晰地看到一个原子的内部结构。明朝的赋税，竟然精确到了皮米，换句话说，精确到了原子级别！

皮米是万亿分之一米，主要用来计算电磁波的波长和原子的半径，只有使用最先进的多次反射式光学干涉仪，才有可能测到皮米和亚皮米级别的精度。明朝科技难道比现代科技还要发达？明朝的征税官难道被地球外文明的高级智慧生命开了外挂吗？

当然不可能。符合史实的解释是，古代僵化的指标分解式的赋税征收制度催生出了看似无限精确的度量单位，而这些看似精确的单位只能保持账面上的平衡，除此之外没有任何实际意义。

可能是因为古人好不容易才搞出来一套如此精妙的会计单位，所以这些单位又被充分运用到几乎所有的官方账册上，除了表示长度，还被用来表示面积、重量、容量和货币。

以清代台湾垦田档案为例，雍正八年台湾府报给清廷的垦田数目是"三千三百五十一甲零四毫二丝五忽七微九纤八沙一尘七埃八渺四漠"；雍正十一年报上去的垦田数目是"一百六十六甲一分一厘六毫四丝四忽三微七纤一沙六尘八埃九渺四漠"。在这里，毫、丝、忽、微、纤、沙、尘、埃、渺、漠，都成了面积单位，所谓"一百六十六甲一分一厘六毫四丝四忽三微七纤一沙六尘八埃九渺四漠"，就是166.116443716894甲。而"甲"又是台湾省地方的面积单位，源于荷兰，郑成功治台时期沿用之，1甲约等于清朝的11亩。

再以清光绪七年广东布政司的账册为例，本年琼州府陵水县欠缺的农业税"五分九厘一毫九丝九忽"。在这里，"分""厘""毫""丝""忽"又成了货币单位，10钱为1两，10分为1钱，10厘为1分，10毫为1厘，10丝为1毫，10忽为1丝。换成现在的表达方法，就是说陵水县还差0.059199两的农业税没有缴纳。

0.059199两的赋税该怎么征收？不可能征收，它仅仅是账面上的一个数目字罢了，仅仅为了表明基层官员的会计系统非常精确罢了。166.116443716894甲的垦田面积又是怎么测量出来的呢？不可能测量，它也只是账面上的一个数目字，表明台湾地方官府完美搞定了朝廷分解的垦田任务，既没有多完成一丝一毫，也没有少完成一丝一毫。

实际上，大约从元朝后期开始，古代中国的官方会计系统在很大程度上就成了数目字游戏——中央把指标分解到地方，地方无论有没有完成，都会在账面上报告已经完成。结果呢？分解的指标精确到了纳米以下，上交的报告也精确到了纳米以下，户部官员与地方官员皆大欢喜，因为他们都从数目字上完成了自己的任务。

著有《万历十五年》的黄仁宇先生认为，古代中国缺乏数目字管理。如今看起来，古代缺乏的并不是数目字管理，而是真实有效的数目字管理。

海底十六万里

分、厘、毫、丝、忽、微、纤、沙、尘、埃、渺、漠……越来越小，越来越小，一直小到原子和亚原子的级别。

古人有没有发明出较大的长度单位呢？

当然有。前面就提到过，寻、仞、丈、引，都比尺大，1引等于100尺。

比"引"更大的长度，还有"里"，这是中国人熟知的单位，用来量算距离。

现在的里，又叫市里、华里，1华里等于0.5千米，也就是500米。但是古代的里有点儿不同，它像尺寸一样，在不同的历史时期具有不同的长度，并且整体上呈现出越来越大的趋势。

先秦时期，1里是300步；秦汉以后，1里是360步。这里的步，是双脚各迈一次的距离，相当于现在的两步。古代汉语中，迈两脚为"步"，迈一脚为"跬"。《荀子·劝学篇》："不积跬步，无以至千里。"意思是说，千里那么远的距离，是一步一步累积出来的。如图2-4所示，邮票上所展示的"记里鼓车"，是古代中国用来记录车辆行驶里程的一种马车，常用于皇家出行仪仗队。

图2-4　记里鼓车

每个人的步幅都不一样，步不是一个标准长度，但至少从春秋战国起，古人就试图将作为长度单位的"步"标准化，规定1步等于8尺。到秦汉时期，又改了规矩，规定1步等于6尺。到隋唐时期，规矩又变了，规定1步等于5尺。

所以，我们可以推算出一套比较粗略的换算关系：

先秦时期，1里等于2400尺；

从秦汉到隋唐，1里等于2160尺；

隋唐以后，1里等于1800尺。

表面上看，里在变小。实际上，里在变大。为啥这样说呢？因为尺的长度变了，尺越来越大，导致里的长度也越来越大。

我们稍做计算就明白了。

商朝1尺大约16厘米，假如当时就有"里"这个长度单位的话（商朝的"里"很可能不是长度单位），1里等于2400尺，等于38400厘米，等于384米。

汉朝1尺大约23厘米，1里等于2160尺，等于46980厘米，等于

469.8米。

明朝1尺大约32厘米，1里等于1800尺，等于57600厘米，等于576米。

你看，从三四百米为1里，到五六百米为1里，里当然变大了。

不过我们需要留意，即使在同一个朝代，也不存在放之四海而皆准的"里"。第一，尺寸很混乱，用尺推算出的里自然也很混乱；第二，各地风俗差异极大，甲地360步为1里，到乙地可能就变成300步为1里；第三，在量算山路距离、平路距离与水路距离时，古人会使用不同的标准——山路1里往往比平路1里短，平路1里又会比水路1里短。

各位读者小时候想必看过法国科幻小说家儒勒·凡尔纳的经典巨著《海底两万里》，其实这个中文译名是不准确的，因为凡尔纳说的两万里不是华里，也不是千米，而是"里格"。里格的本义是1小时所走的路程，又分为陆地上的里格和海上的里格。在英国，陆地上1里格大约等于3英里，海上1里格大约等于3海里，海里是比英里长的单位，所以海上里格要比陆上里格长一些。在法国呢？陆上里格跟海上里格差不多，1里格约等于4千米。

照此标准换算，"海底两万里"应该是"海底两万里格"，即"海底八万千米"，也就是"海底十六万华里"。

比光年还大的印度尺度

中国的里，法国的里格，都不是最大的长度单位。

人类发明的最大长度单位是什么呢？

大家可能会想到"光年"——光走1年的距离。我们知道，光在真空中的速度是每秒将近30万千米，每年将近10万亿千米。10万亿千米的级别，当然算很大的长度单位，但还不算最大。

在我们的星球上，迄今为止最大的长度单位是古印度人发明的，该单位叫作"佛刹"，又叫"佛土"。如图2-5所示，是公元1世纪古印度人烧制的量器，高20.3厘米，大概容积为600毫升，现藏英国伦敦巴拉卡特美术馆。

图2-5　古印度人烧制的量器

根据《华严经》《贤劫经》《无量寿经》等佛教经集的描述，古往今来出现过无数多个佛，每个佛所能影响的空间范围都被称为佛土，每个佛土都由1000个大千世界组成，每个大千世界都由1000个中千世界构成，每个中千世界都由1000个小千世界构成，每个小千世界都由1000个小世界构成。

所以，1佛土等于1万亿个小世界，

每个小世界又有多大呢？大致是这样的：每个小世界的中心都有一座须弥山，这座须弥山在海里扎根，旁边有一个太阳、一个月亮，四周环绕四块大陆，称为四大部洲（图2-6），包括东胜神洲、西牛贺洲（原译西牛货洲）、北俱芦洲、南赡部洲（又译南瞻部洲）。

图2-6 四大部洲示意图（圆心处为须弥山）

　　在《西游记》里，孙悟空的老家是东胜神洲，猪八戒的老家是西牛贺洲，唐僧的老家是南赡部洲。实际上，这几块大陆的距离非常遥远，四块大陆所围绕的须弥山也是非常高大，它在海面以上有8.4万由旬，在海面以下也有8.4万由旬，合起来共有16.8万由旬那么高。

　　"由旬"是一个非常模糊的单位，本义是指上古时期军队一天能走的距离，大约相当于40里（玄奘在《大唐西域记》中则认为，"由旬"应译为"踰缮那"，相当于30里），粗略来讲，可以当成20千米。

　　由旬之下，还有其他单位，如"俱卢舍""弓""肘""指""节""麦"。在古印度，1由旬等于8俱卢舍，1俱卢舍等于500弓，1弓等于4肘，1肘等于24指，1指等于3节，1节等于7麦。各单位之间都不是十进制关系，也不是四进制、八进制、十六进制，换算起来非常不便。

细究起来，古印度这些长度单位与当时世界上其他文明的长度单位差不多，都是源于人体和日常生活。例如"肘"是手臂的长度，"指"是拇指的长度（一说是中指的长度），"节"是指节的长度。"俱卢舍"的本义是牛吼，指一头公牛的叫声所能传播的最大距离；"弓"的本义还是弓，指弓的长度；"麦"即小麦，1麦就是1粒小麦的长度。从最小的"麦"到最大的"由旬"，数量关系之所以都非十进制，恰恰因为这些长度单位都是自然形成的，人们发明这些单位的时候压根儿就没有考虑数量关系。

佛教诞生之后，数量关系突然变得异常复杂和惊人——高达16.8万由旬的须弥山撑起1个小世界，1万亿个小世界构成1个佛土，从我们地球人生活的娑婆世界到阿弥陀佛居住的西方极乐世界之间，隔着10万亿个佛土，而像娑婆世界和西方极乐世界这样的世界，在佛教宇宙观中有无穷多个。

我们假定1由旬精确等于20公里，则每个小世界有336万公里，每个佛土有336万万亿公里。从我们的娑婆世界到阿弥陀佛的极乐世界有多远呢？需要再拿10万亿乘以336万万亿公里，结果是3360万万万万万亿公里。唐僧师徒去西天取经，为什么只走了"十万八千里"呢？因为他们抵达的是印度，是释迦牟尼佛生活的地方，而不是《阿弥陀经》和《无量寿经》中所说的西方极乐世界。

现代科学家研究天体物理，常用"光年"来度量距离。1光年将近10万亿公里，银河系的直径大约是10万光年，即10万万亿公里。通过前面的计算可以得知，佛经里的佛土是比光年还要大得多得多的单位，1佛土是1光年的几十万亿倍，就连整个银河系也比佛土小得多，把银河系放进佛土当中，都填不满一个小小的角落。

古代中国人发明了比纳米还小的单位，可惜只能用来填写华而不实的账表，不能实际测量。古印度人发明了比光年还大的单位，能不能用于实际测量呢？同样不能。

古印度在测量方面的技术还不如古代中国，中国至少有官定的尺寸，不同长度单位之间至少有准确规范的数量关系，很多大一统的朝代既做过统一度量衡的努力，也尝试测量过地球子午线一度的长度，甚至还推算过地球和太阳之间的距离（虽说推算结果错得离谱）。而在古印度，很多长度都是估量出来的，例如听得见牛叫的距离是1俱卢舍，国王带队走一天的路程是1由旬。

掂量地球，测量光速

玄想是不能准确测量物体长度的，想知道一个极其庞大的物体究竟有多大，想算出一种极为飞快的运动究竟有多快，只有依靠科学。

最近两百年来，科学家们不仅相对精确地测量出了地球的大小，而且绝对精确地测量出了光的速度。

地球那么大，怎么量？拿着尺子一尺一尺地量吗？那得量到什么时候？怎样才能保证测量轨迹始终在一条线上呢？平地还好说，山地怎么量？海洋怎么量？南北两极怎么量？

科学家的方法是测量出地球的一小部分，再从部分来推算全体。例如古希腊科学家在同一年的同一天的同一个时刻，用同等长度的物体去测量相距千里之遥的两个地点的太阳高度角。影子越短，太阳高度角越大；影子越长，太阳高度角越小。有了两地的距离，有了太阳高度角的差值，根据圆弧、顶角和半径的几何关系，可以算出地球半径。再用地球半径乘以2π，最终得到整个地球的周长。近代法国科学家则先打造一条很长很长的铁链，沿着准确的南北方向行进，同时还要不停地观测太阳高度角，一段一段地量出地球经线一度的长度，这个长度再乘以180，就得到了整根经线的长度，经线长度再乘以2，就是地球的周长。

实际上，地球有两个周长，一个是赤道的周长，一个是穿过南北极的周长，地球的两极略微扁一些，赤道略微鼓一些，赤道周长要比两极周长稍长一些。但是在没有人造卫星给地球扫描定位的前提下，两百年前甚至两千年的先贤竟然能用非常简陋的观测工具，测量和推算出地球周长的近似值，绝对是非常了不起的成就。

测量光速比测量地球更难。光跑得那么快，谁能追上去量它？如果使用运动距离除以运动时间等于运动速度的公式来推算，那就需要发射一束光到一个非常遥远同时又已知距离的地方，发射点站一个人，接收点站一个人，发射方发射这束光的同时掐一下表，接收方收到这束光的同时掐一下表，拿已知的距离除以测到的时间差，理论上是能算出光速的。但我们知道，光速每秒钟将近30万千米！假如用秒表计时，发射方和接收方至少要间隔30万千米，在地球上怎么能找到相隔如此遥远的直线距离呢？除非光束绕着地球做曲线运动。可光明明只走直线不是吗？光线从超大质量的天体附近经过时，倒是会因为超大引力而发生弯曲，但地球明明不属于超大质量天体啊！

所以光速是很难测量的，只能像测量地球周长一样，采用间接的方法。

1849年，法国物理学家斐索发明了一个间接测量光速的方法。他全部的测量设备，包括一支蜡烛、两个透镜、一个平面镜、一个齿轮、一架望远镜。他把蜡烛放在第一个透镜的焦点位置，在蜡烛和透镜之间装一个齿轮，在透镜另一侧依次放置第二个透镜和一个平面镜，平面镜放在第二个透镜的焦点位置。

斐索点亮蜡烛，烛光穿过齿轮的一个标有记号的齿缝，然后穿过第一个透镜，变成一束平行光。平行光穿过第二个透镜，会在平面镜上聚成一点。平面镜把光从原路反射回来，反射光射向齿轮。当齿轮静止不动时，反射光会从那个标有记号的齿缝里穿过。斐索转动齿轮，刚开始转速比较慢，而光速很快，光仍然会通过同一个齿缝反射回来。但当齿轮越转越快，越转越快，反射光抵达那个齿缝时，该齿缝刚好转过去，光就被挡住了，斐索就看不到那束光了。齿轮转速继续加快，快到一定程度时，反射光恰好又穿过下一个齿缝，斐索又看到了反射光。齿轮更快地飞转，直到反射光能从同一个齿缝反射回来时，就可以用一个简单公式算出光速（图2-7）。

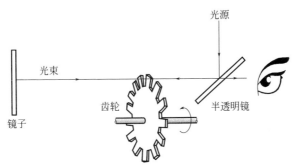

图2-7　斐索用旋转齿轮法测量光速的示意图

斐索的计算原理是这样的：烛光穿过齿缝射到平面镜上，反射光穿过同一个齿缝被观察者看到，这一来一回所需的时间记为t；烛光从观察者到平面镜往返两次的距离记为L。用L除以t，也就是用距离除以时间，得到的结果就是光速。

由于光速太快，一来一回的时间太短，斐索来不及计时。所以他不断加大距离，直到蜡烛与平面镜的间距超过7千米，才用秒表得出了相对准确的时间。这么远的间距，肉眼无法观测，所以斐索还要用到一架望远镜。

斐索最后测到的光速是每秒31万千米。这个结果跟真实的光速相比有一定误差，但在他所处的那个时代完全可以接受。

继斐索之后，又有许多科学家不断改进测量方法，使得光速测量越来越准。1851年法国物理学家傅科发明旋转平面镜法（图2-8），并利用这一原理制造出的设备测出光速为每秒298000千米；1933年美国物理学家迈克耳逊发明旋转棱镜法，测出光速为每秒299774千米；1950年英国物理学家埃森发明谐振腔法，测出光速为每秒299792.5千米；1974年美国国立物理实验室又用二氧化碳激光谱线的频率和波长来计算光速，算出光速为每秒299792.4590千米。

图2-8　1862年傅科利用光反射测量光速的装置（该装置为复制品，现藏法国国立工艺与科技博物馆）

地球周长的四千万分之一

科学家们绞尽脑汁改进方法，孜孜不倦地研究地球的周长和光线的速度，就在他们的研究基础上，"米"光荣诞生了。

众所周知，"米"是全球公认的长度单位，是国际计量大会确认的七个基本单位之一（这七个基本单位分别是计量长度的米、计量时间的秒、计量质量的千克、计量温度的开尔文、计量电流的安培、计量发光强度的坎德拉、计量物质的量的摩尔），其他许多计量单位也都与米有关，或者直接从米衍生得来。例如千米、分米、厘米、毫米、微米、纳米、皮米、飞米，分别是米的整数倍或者小数倍；公顷、平方米、平方分米、平方厘米、平方毫米、平方微米，分别是米的整数次方或者小数次方；以及表示速度的米每秒、千米每秒，表示密度的千克每立方米、克每立方厘米，以及表示流速的立方米每时、立方米每秒，表示压力的千帕、兆帕，都是在米和其他相关单位的基础上导出的。

这么多计量单位因米而生，米又是因何而生的呢？

让我们从法国大革命说起。

1789年，法国爆发革命，革命者推翻了君主政治，还想再推翻传统的、混乱的、不统一的长度单位。换句话说，法国人不仅要实现人权上的平等，还要实现度量上的平等。法国大革命时期有一句宣言是这么说的："当拥护平等的人们已立誓无论如何也要消灭暴政时，人们如何能忍受那令人想起可耻的封建奴役的复杂而不便的度量制呢？"

其实混乱的传统尺寸并不是专制的君主政体造成的，君主政体同样欢迎更好用的度量衡。早在拿破仑统治时代，法国统治阶级就着手研究十进制的度量衡。1784年，法国国王路易十六曾经任命著名数学家和天文学家拉普拉斯担任巴黎科学院特别委员会的负责人，让他带领一些科学家制定新的度量单位。1789年6月，也就是法国大革命爆发的前一个月，巴黎科学院已经成立专门小组，正式启动了创建公制单位的系统工程。法国大革命用更激进的热情加速了公制单位的研究进度。

1789年8月，新成立的法国革命政府向数学家拉普拉斯授权，组建了一个"度量衡改革委员会"。

1789年11月，法国革命政府推选出拉普拉斯等15位院士，组成"技术与职业咨询局"。该机构在成立几个月后就制定出了长度单位、重量单位和容量单位的标准换算关系。

1790年5月，法国制宪会议通过了《公制法》。

1791年3月，巴黎科学院"度量衡委员会"提出方案，要制定出来一条"世界各国万古通用"的标准尺，并决定用地球经度圈（也就是通过南北两极的地球周长）的四千万分之一作为这条标准尺的长度（该方案最初由法国数学家拉格朗日在1790年提出）。

随后，一群数学家、天文学家和物理学家忙活起来，忙着测量地球经度圈的精确长度。这一忙，就是六年。

六年以后，科学家们完成了测量工作，测出了地球周长，并用经度圈四千万分之一的长度制作了标准尺，也就是全球第一代"米原器"（图2-9）。米原器用铂金制成，宽25.3毫米，厚4.05毫米，长1米。

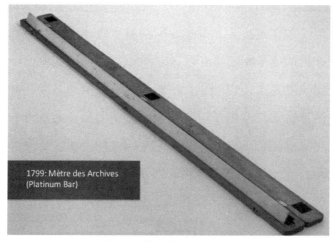

1799: Mètre des Archives
(Platinum Bar)

图2-9　第一代国际米原器

遗憾的是，第一代米原器制造得并不科学。首先是铸造材料不科学，容易磨损；其次是形态结构不科学，容易变形；再其次，米原器是根据经度圈四千万分之一长度造出来的，而科学家们很快就注意到，经度圈的真实长度要比他们当初的测量结果多出来7863米，这就导致米原器的长度要比他们当初设想的理论长度偏短。短多少呢？拿7863米除以4000万，短了0.000196575米，即约0.2毫米。

1872年，法国召开"公制国际会议"，放弃了用经度圈确定标准长度的方法，改用第一代米原器来确定1米的长度。我们可以这样理解：反正不论经度圈测得多么准，据此制造的米原器总会存在制造工艺上的微小误差，什么"经度圈四千万分之一"，干脆承认第一代米原器的长度就是米的标准长度算了。

所以，法国人制造的第二代米原器（图2-10）仍然与第一代米原器等长（不考虑制造误差的话）。仅仅是更换了制造材料、调整了形态结构。第二代米原器使用更加坚硬的铂铱合金铸造，结构上也设计成更加稳固的X形状。如果把第二代米原器切成两段，断面就是一个X。

图2-10　第二代国际米原器

从第二代米原器诞生之日起，到20世纪中叶，经历了大半个世纪，公制从法国推广到整个欧亚大陆，许多国家都仿造法国米原器铸造了自己的测量标准器，其中也包括中国。1909年，晚清政府受欧洲各国纷纷铸造测量标准器的影响，用铂铱合金制成一副"营造尺原器"。1928年，统一南北的南京国民政府废除营造尺，正式采用公制单位。为了换算方便，南京国民政府还推出了一种与公制单位挂钩的市尺，规定3市尺等于1米。在我国现行法定计量单位推行之前，海峡两岸通用的尺，指的就是这种市尺。

站在光速之上的米

最近两百年来，米的长度基本上没什么变化，米的定义却完成了两次飞跃。

1米本来是地球子午线长度的两千万分之一，即地球两极周长的四千万分之一，地球的大小决定了米的大小。但是，地球并非一个规整的球体，子午线长度并不是一个恒定的数值，在太阳和月亮的引力扰动下，地球的表面总是在缓慢起伏，子午线长度总是有轻微变化，所以用子午线来定义的米也是不固定的。一个不固定的长度单位，有什么资格成为国际单位呢？

所以在1960年，国际计量大会修改了米的定义，将1米定义为氪-86原子的电子从$2p_{10}$能级跃迁到$5d_5$能级时所辐射的真空电磁波的波长的1650763.73倍。

氪是一种无色无味的惰性气体，氪-86是氪的一种同位素，原子核里有36个质子和50个中子。科学家用氪-86制造原子灯，让电子受到激发，从$2p_{10}$跃迁到$5d_5$（不了解电子能级符号的读者可以温习一下中学物理教材），会发出一种橙黄色的可见电磁波。该电磁波在真空中的波长乘以1650763.73，非常接近地球周长的四千万分之一。

与地球周长相比，氪-86电子跃迁的电磁波长要稳定得多，只要是氪-86，只要是从$2p_{10}$能级到$5d_5$能级的电子跃迁，就一定会辐射出在真空中等长的电磁波。全世界任何一个国家，任何一个机构，任何一个科技从业者或者科学爱好者，只要有氪-86原子灯，只要会测量电磁波长，就能得到米的精确长度，再也不需要借助米原器来校准了。

　　米的第二代定义看起来很精确，但也有它的缺点——测量条件过于苛刻。电子跃迁并不是那么容易就能听人指挥的，凭啥你让人家从$2p_{10}$跳到$5d_5$人家就听你的呢？万一跳到$5d_2$呢？那样辐射出的电磁波长可就不标准了！

　　既要保证米定义的精确性，又要保证测量条件的普适性，于是乎，第三代米定义应运而生。1983年，在法国巴黎召开的第十七届国际计量大会通过了米的最新定义：光在真空中行进1/299792458秒的距离，等于1米。

　　这个定义有两个基础，一是光速，二是时间单位秒。真空中的光速恒久不变，可是时间单位呢？我们测量光速的时候，总不能拿一个秒表来计时吧？要知道，无论多么精确的人造计时器，都存在一定误差，而如果测量出来的秒有误差，那么建立在秒之上的米也会有误差。所以，在给公制定一个精确无误差的定义之前，我们还必须给秒制定一个精准无误差的定义。好在科学家们已经完成了这个定义，他们规定，1秒等于铯-133原子基态在两个超精细能级之间跃迁辐射9192631770次所持续的时间。就像氪-86电子在两个特定能级之间跃迁辐射电磁波的波长恒久不变一样，铯-133原子基态在两个超精细能级之间跃迁辐射的频率同样恒久不变，不受任何外界条件的影响。

　　第三代米定义出炉之前，科学家们测得的光在真空中行进的速度是299792458米/秒，这是一个近似值。爱因斯坦告诉我们，真空光速是恒定不变的，无论在地球上，还是在太阳上，抑或在任何一个星系的任何一个星球上，光在真空中的速度都是一样的稳定、精确，既不会快一点，也不会慢一点。换句话说，真空光速是一个完全精确的固定值。但是，过去测量的光速，不管看起来多么精确，哪怕是精确到小数点后第

10位，也是一个近似值。倒不是因为科学家的测量方法太笨，而是因为过去米的定义还不够精确，你用不够精确的米去表达光速，表达结果当然也是不够精确的。现在好了，第三代米定义一问世，光速就有了精确值——在真空中每秒可以行进299792458米。

第三代米定义把米与自然界中最常见、最普适、最恒定不变的光速连在了一起，这样做至少有三条好处。

第一，全世界任何国家再生产尺子时，任何厂家再生产标准长度的精密零件时，都用不着再用国际米原器来校准，直接拿光在真空中的波长来校准，效果更好，结果更准确；

第二，精确的光速可以衍生出精确的长度单位，米、分米、厘米、毫米、微米、纳米、皮米、飞米……每个单位都是精确可控并且可以理解的长度，全球工匠和科学家们从此有了通用的并且是最可靠的度量衡语言，检验和分享知识成果时再也不会产生误差；

第三，地球人再也不用担心米原器毁损和丢失，因为我们不再需要米的实物，只需要几个字节的信息，就能将现代地球人对米的定义精确无误地传递给下一代，甚至还有可能传递给地外文明。

地外文明也许在各方面都跟地球不一样，可是光速绝不会变，只要外星人拥有最基础的数学语言和测量电磁波的能力，他们就一定能够理解地球上最基础的长度单位是怎么回事儿，一定算得出地球上的1米究竟有多长。

谁挡了米的脚步

外星人存在吗？也许存在。

如果存在外星人，如果将来有一天，地球人要跟外星人进行星际贸易或者开展科技合作，那肯定要在度量衡上达成统一。而第一个被统一的度量单位，肯定是米。为什么这样说？因为米是用光速来定义的，而光速在宇宙当中具有普适性。

令我们地球人沮丧的是，甭说跟外星人统一度量衡了，就连地球人自己都没能统一度量衡。米、千克、毫升，这些公制单位已经推行两百多年了吧？时至今日，美国人在日常工作和日常生活中使用的仍然是英制单位（严格讲，美国人使用的英制单位与英国人使用的英制单位并不完全相同，前者应称为"美制单位"），例如英尺、英寸、磅、加仑、盎司。还有一些国家，两套度量衡长期并存，例如加拿大分成英语区和法语区，法语区主要使用公制，英语区主要使用英制；日本官方主要用公制，民间沿用传统的"尺贯"。

早在1875年，在法国巴黎召开的第二届国际度量衡大会（图2-11），共有17个国家参加。哪17个国家？德国、奥匈帝国、比利时、巴西、阿根廷、丹麦、西班牙、美国、法国、意大利、秘鲁、葡萄牙、俄国、挪威瑞典联合王国、瑞士、土耳其、委内瑞拉。

图2-11　1875年，第二届国际度量衡大会在法国巴黎召开，
会议代表在布勒蒂伊教堂前合影

也就是说，美国在100多年前就有意向采用公制单位。可是直到本书即将出版的今天，美国仍然没有把公制作为法定的度量衡。

英国没有参加1875年的国际度量衡大会，但英国有意向公制单位过渡的时间更早。从1868年起，英国就开始立法推行公制。1969年英国再次宣布，要从1975年开始，用六年时间从英制完全过渡到公制，在英国境内完全废除英制。

现在好几个六年都过去了，英国人日常生活中用的主要还是英尺、英寸、加仑、盎司。不过，在英国科学研究领域和工商业领域，米、千克、毫升等公制单位已经成为主流。

日本接触公制单位的时间也不算晚。明治维新时期，日本从法律上决定采用公制（图2-12），让两套度量衡在日本并行，一套是传统的"尺贯制"（源自古代中国的度量衡），一套是全新的"米突制"（即公制单位）。可是，尺贯制在日本的地位根深蒂固，米突制仅仅在名义上产生影响，日本民间没人使用，倒是来自英美的英制单位让日本军方兴趣大增。

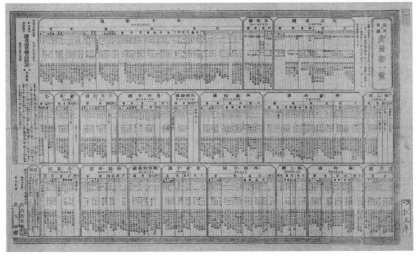

图2-12　日本于明治维新时期印发的《海外各国度量衡一览表》

第一次世界大战期间，日本作为协约国参战。1917年，协约国成员召开会议，探讨各成员国是否统一采用公制，因为杂乱无章的度量衡会给军事援助造成很大的麻烦。1918年，日本决心加大力度推行公制，可惜效果仍然不佳。日本中央度量衡所的所长抱怨道："陆军用公制，海军用英制，陆军用公里，海军用英里，而民间则用里和尺，非常不便。"

1921年，日本政府颁布《度量衡改正法令》，想全面采用公制（图2-13）。结果呢？民间竟然掀起一场轰轰烈烈的抗争运动，致使法令被迫搁浅。

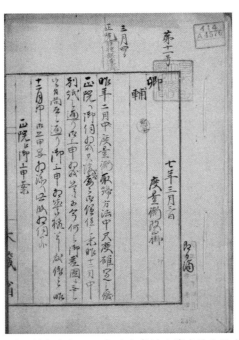

图2-13　明治维新期间，日本政府商讨改革度量衡的内部文件

到底是什么原因挡住了公制单位在日本进一步普及的脚步呢？

首先是因为民间阻力太大。一套度量衡用得久了，就成了社会习俗的一部分，你想改变习俗，必然遭遇阻力。另外，公制单位是舶来品，来自欧洲大陆，在那些被欧洲列强欺负过的国家或者与欧洲列强打过仗的国家，国民会对公制单位产生抵触情绪。

其次是认为改制成本很高。在流行英制单位的国家，路标上的里程是英制，仪表上的油耗是英制，教科书上的单位是英制，生产线上的刻度是英制。如果从头到尾改用公制，那么路标要换成新的，仪表要换成新的，教科书要换成新的，工业设备更要全部改造，花的钱一定是天文数字。

1921年，日本农商务省做过一个预算，仅仅是推广公制的宣传经费，就需要1600万日元。1971年，美国国家标准局公制化委员会向国会提交一份报告：假如美国想在十年以内从英制过渡到公制，平均每台机床要花费400美元进行改造。

公制单位诞生以前，拿破仑就曾经向那些倡议制定全新度量衡的科学家们泼过一盆凉水："要使古老的民族采用新的度量单位，必须修改一切行政规章和工业标准，这种改革工作让人难以理解。"这句话隐含的意思是，文明起步越早、经济和工业越成熟的国家，推进全新度量衡的成本越高。倒是在那些经济和工业相对落后的国家，可以无所顾忌地砸掉旧框架，例如苏俄的新旧更替就是这样——1918年苏维埃人民委员会颁布了推行公制的法令，1927年旧俄制就被公制全面取代。

当然，公制单位取代传统度量衡是大势所趋，不可阻挡，不管在哪个国家，不管改制成本有多高，不管过渡期有多长，终归都要采用公制。英国政府已经认识到了这一点，1972年2月7日，英国发布的《公制化白皮书》里有一个相当明智的观点："改制的费用是一劳永逸的，改制的好处是无穷无尽的，如果坚持英制，而把改制工作不正当地推迟下去，那么丢失的贸易市场和主顾所导致的积累损失，将会构成一个严重的事态。"

让我们用1999年发生的两起航空航天事故来为《公制化白皮书》提供注脚。

1999年4月，从中国上海飞往韩国金浦机场的货机坠毁，事故原因是这样的：中国用公制单位，韩国飞行员用英制单位。事故当天，上海机场发出"上升1500米"的指令，这架货机升高到4500英尺时，韩国副机长错误地提示机长只需要上升1500英尺（1英尺约等于0.3米），最终导致飞机贸然下降，失速坠毁。

1999年9月，美国国家航空航天局7个月前发射的一艘探测船即将进入火星轨道，地面上的科学家计划让它绕着距离火星表面160千米的轨道公转。按照原先的计算，只要在距离火星180千米时对火箭点火，就可以把探测船送入预定轨道。可是当初制造火箭的美国洛克希德·马丁公司用英码为单位，输入了点火点的数据（1英码约等于0.9米），美国科学家却把英码错误地当成了米。当科学家认为火箭距离火星160千米时，实际距离只有145.6千米。所以，火箭还没有来得及点火，就被火星引力拽进火星大气层，随后发生爆炸。

第三章

一亩有多大

千年前的卖房合同

公元975年，农历三月初一，敦煌莫高乡定南坊，有一所小院正在出售（图3-1为保存相对较好的古代中国房屋交易合同）。

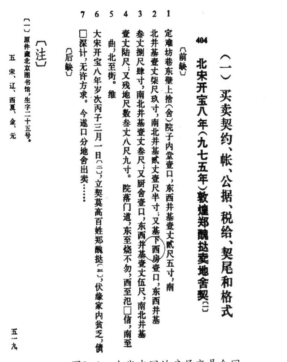

图3-1　古代中国的房屋交易合同

这所小院的业主姓郑，名叫郑丑挞，他在售房合同上写道：

定难坊巷东壁上舍壹院子：

内堂壹口，东西并基壹丈贰尺五寸，南北并基壹丈柒尺玖寸，南北并基贰丈壹尺半寸；

又基下西房壹口，东西并基叁丈捌尺肆寸，南北并基壹丈叁尺；又厨舍壹口，东西并基壹丈伍尺，南北并基壹丈陆尺；

又残地尺数叁丈八尺九寸。

院落门道，东至烧不匆，西至汜□信，南至曲，北至街。维大宋开宝八年岁次丙子三月一日，立契：莫高乡百姓郑丑挞……

从合同上看得出来，郑丑挞这所院子建在一个名叫定南坊的社区里，东边是胡人烧不勿（汉语音译）的房子，西边是汉人汜某信的房子，南边是社区小巷，北边紧邻大街。

院子里有一所正房（内堂），一所厢房（西房），一间厨房（厨舍）。正房占地，东西1.25丈，南北1.79丈，又南北2.15丈（应为梯形）；厢房占地，东西3.84丈，南北1.3丈；厨房占地，东西1.5丈，南北1.6丈。另有空地一小片，长3.89丈，宽度未知。

我们假定正房为梯形，厢房、厨房为长方形，可以计算出它们各自的建筑面积：正房2.4625平方丈，厢房4.992平方丈，厨房2.4平方丈，空地不计。简单相加，得到整座院子的建筑面积：9.8545平方丈，约等于10平方丈。

现代中国人说到面积，一般会想到平方米、平方千米和亩，对"平方丈"这个单位比较陌生。但是，在古代中国，平方丈和亩都是很常用的面积单位，两者之间有确定的换算关系——60平方丈等于1亩，或者60井等于1亩，这里的"井"就是平方丈。

既然60平方丈等于1亩，那么10平方丈当然是六分之一亩。郑丑挞的院子仅仅占地六分之一亩，只能算作小院落。

下面再看一个大院落。

公元1050年，一个名叫汪审非的徽州商人为了还债，被迫出售自家的院子，他也写了一份售房合同。这份合同内容比较长，摘抄部分如下：

正房四间，南房两间，东房两间，灰草房十间，宅基南北陆丈柒尺，东西十陆丈肆尺，西南角地壹佰贰十玖步。

汪审非的房屋不少，院子不小。房屋总共18间，院子南北6.7丈，东西16.4丈。假如这所院子也是横平竖直，则面积是109.88平方丈，约等于110平方丈。前面说过，60平方丈等于1亩，则110平方丈等于1.83亩，将近两亩。

合同上还有一句："西南角地壹佰贰十玖步。"这是什么意思呢？是说在院子西南侧，还有一块空地，面积是129步。

"步"是一个很奇怪的单位，在古代中国，它既可表示长度，又可表示面积。当表示长度时，1步等于5尺（隋唐以后的标准）；当表示面积时，240步等于1亩（春秋战国以后的标准）。为了避免混淆，下面我们再提到面积单位的步，会写成"平方步"。汪审非家院子西南侧，共有空地129平方步，折算成亩，就是0.5375亩，约等于0.5。把这0.5亩空地加上那将近两亩的院子，汪审非实际出售的不动产肯定超过两亩。

超过两亩，到底是多大面积呢？换算成现在国际通行的面积单位，应该有多少平方米呢？

这个其实很难换算。

古代中国的亩，就像尺和寸一样不断变化，它在有些朝代很大，在有些朝代很小，在有些区域很大，在有些区域很小，并且在整体上呈现出增大的趋势。

春秋战国以前，亩非常小，1亩还不到200平方米；战国后期，亩突然变大，到秦始皇统一中国、统一度量衡的时候，1亩差不多等于450平方米；再往后，汉朝1亩大约470平方米，魏晋南北朝1亩大约500平方米，隋唐1亩大约700平方米，宋朝1亩回缩到大约500平方米，明清时又增大到600多平方米。1928年国民党政府统一度量衡，让亩跟平方米挂钩，规定1亩等于666.67平方米。

亩之所以不断变化，首先是因为丈量面积的尺度在不断变化。前文说过，古代中国的尺整体膨胀，从商周到明清，三千年间，1尺从不到20厘米膨胀到30厘米还要多。古人测量面积，尺是最基本的工具，尺变大了，亩安能不大？

其次，古人对亩的定义也有过翻天覆地的变化。战国时代秦国改革家商鞅曾经推翻过前人对于亩的定义：在他改革之前，民间估算土地面积，宽10步、长10步的小块土地就是1亩；在他改革之后，宽10步、长24步的地块才能被称为1亩。

也就是说，商鞅变法之前，1亩本来是100平方步；商鞅变法之后，1亩增大到240平方步。商鞅一变法，亩成倍膨胀。

240平方步为1亩，这个标准从秦朝一直延续到清朝，但它只是主要标准，而不是唯一标准。查阅清朝乾隆年间编修的《历城县志》，有这么一段记载：

民地之上者曰"金地"，以二百四十步为亩；次者曰"银地"，以二百八十步为亩；又次者曰"铜地"，以三百六十步为亩；下者曰"锡地"，以六百步为亩；最下者曰"铁地"，以七百二十步为亩。自银地以下，皆递加其步以当金地，乃一例起科也。……杂项、教场、坡、房基、宅墓，皆视民田金地，以地之肥瘠，定步之多寡。

山东省历城县，官府根据肥沃程度，把农民土地分成五等，最高等是金地，240平方步为1亩；其次是银地，280平方步为1亩；其次是铜地，360平方步为1亩；其次是锡地，600平方步为1亩；最差是铁地，720平方步为1亩。

你看，同样是1亩地，等级不一样，大小也不一样，1亩贫瘠土地的实际面积可能是1亩肥沃土地的两三倍。

在古代中国，这种做法并不鲜见。早在明朝万历年间，山西汾州官府丈量农民土地时，也把土地分成金、银、铜、铁、锡五等，也把贫瘠土地的亩定得非常大。万历三十七年（1609年）修编的《汾州方志》记载："万历九年奉例，清丈田亩，将锡、铁二山田坡地，每四亩折平地一亩。"锡地和铁地指的是山坡田地，难以耕种，每4亩土地按照1亩来算，称为"折亩"。

官府为什么要这么修改面积标准呢？主要是为了在征收田赋时做到公平合理。民间耕地差别很大，有的是山地，有的是平地，有的很肥沃，有的很贫瘠。一亩肥田一年可能出产五百斤粮食，一亩薄田一年可能只产一百斤粮食，如果要求这两亩地的主人各缴五十斤公粮，那样对薄田的主人就非常不公平。官府把亩的标准一改，薄田的亩变得特别大，肥田的亩变得特别小，名义上每亩每年缴纳同样的公粮，实际上帮助薄田主人减轻了负担。

千年前的卖地合同

我们再看一份关于土地买卖的合同（图3-2为目前保存品相较好的农田交易合同示例）。

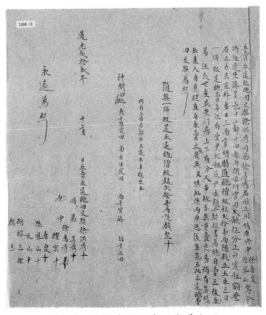

图3-2　古代中国的农田交易合同

公元999年，洛阳农民关廿四出售自家农田，地契上这样写道：

立绝卖田契人关廿四，今因乏资，愿将户下熟地二段，内收谷三担一百四十把……立契日一色现钱交领，并无悬欠，空口无凭，立此文据为信。

这位关廿四在合同上并没有说明他出售的农田共有多少亩，只说"收谷三担一百四十把"。这是什么意思呢？

其实他说的是产量，所售农田的年均产量。三担一百四十把，其中的"担"是重量，1担等于120斤，3担就是360斤；"把"则等于"捆"，140把就是140捆。古代农民用镰刀收割麦子或稻子，通常将谷穗连同秸秆一起打成捆，再送到打谷场上摊晒。关廿四要卖的那两块农田（熟地二段），正常年景每年能收获360斤粮食，以及140捆秸秆。

用产量而不是面积来度量农田，在古代乃至民国时代的民间土地买卖当中相当流行。20世纪30年代，中国地政学院派学员在浙江金华做调查，有这样一份调查报告：

按民间质剂，不书亩数，而书担数。所谓"田一担"者，大率以二亩半为中制。然有以二亩二三分为一担者，亦有以三亩二三分为一担者，大小相差几达一亩。

报告中提及的"质剂"是一个典故，出自《周礼》，原文是这样的："凡卖买者，质、剂焉，大市以质，小市以剂，以质、剂结信而止讼。"意思是说，一切交易都要有合同，合同分为两种：一种是大宗交易时使用的合同，称为"质"；一种是小额交易使用的合同，称为"剂"。买卖双方签了"质"或者"剂"，就不能再反悔了，这样可以提高交易的成功率，避免民事诉讼的频繁发生，有利于社会和谐。简言之，"民间质剂"就是民间交易签订的合同。

浙江金华民间买卖农田，合同上不写亩数，写的只是产量，一块耕地进行交易，田主不说卖了多少多少亩，只说卖了多少多少担。一般来说，1担相当于2.5亩耕地，但由于土地肥瘠不等，也有2.2亩或2.3亩为1担的，也有3.2亩或3.3亩为1担的。同样的1担土地，有时候指3亩有余，有时候指2亩有余。

还有更奇怪的交易习惯，连产量都不提，合同上只填写可以播种的秧苗数量或者种子数量。例如清朝同治年间修编的《萍乡县志》上记载：

论田数，曰"若干把"，谓莳秧若干把也，一亩合三十把。安乐乡人又曰"若干石种"，谓所播之谷种，一石合种田二百把。

清代江西萍乡农民买卖土地，论"把"计田，这个"把"指的是稻秧，1亩稻田可以插秧30把，所以农民将30把当作1亩，将15把当作半亩，将60把当作两亩，将300把当作10亩，以此类推。又有农民按照稻种数量来计算田地，1石稻种等于200把稻秧，进而等于6.67亩稻田。

古代西藏地区的传统则是通过耕牛的辛苦程度来计算田地。西藏历史文献《贤者喜宴》记载："地上六贤王中的第一位王艾雪拉，他的大臣拉布果噶是七贤臣中的第二位，他把双牛一日内所耕之土地面积称为一突。"如果这段记载符合史实，那么早在公元2世纪，西藏人就形成用两头牛的日均耕地规模计算土地面积的传统。图3-3，西藏新石器时代昌都卡若文化烧制的双体陶罐，距今大约四千年前，现藏于西藏博物馆。

将产量或者耕种数量当作面积，绝对不是中国人的独创，在中世纪的欧洲也颇为流行（图3-4）。比如说，美国人现在还普遍使用的面积单位"英亩"，早先并不是一个面积单位，它本义是指一个成年男子在一头耕牛的帮助下，一天之内可以耕作的地块大小。

图3-3　双体陶罐

图3-4　《耕田》（中世纪欧洲画家弗兰齐斯科·彼特拉克创作）

土地质量有差异，有的好耕种，有的难耕种，所以英亩在不同区域的实际大小存在着天壤之别。在15世纪，爱尔兰1英亩大约相当于6000多平方米，而英格兰的1英亩则有8000多平方米。

英格兰农民计量土地，还会用到一个更不精确的单位：海得（hide）。这个词的本义是家庭，后来演变成"养活一个普通家庭所需要的地块大小"。同样还是因为土地质量差异巨大，1海得的土地可能是十几英亩，也可能是几十英亩。

再后来，来自法国北部的诺曼人征服英格兰，又给"海得"下了一个全新的定义：1海得是指每年能够收入1镑金币的土地。那时候1镑金币非常值钱，能买20头牛。也就是说，如果一个英格兰农民名下的土地每年收入能换20头牛的话，那么人们就会说他拥有1海得土地。你看，这跟古代中国用粮食产量来计量土地的习惯非常相像。

比较有意思的是，拥有1海得土地的农夫在英格兰又被称为housebond，即一家之主，然后housebond这个词又演变成了husband——丈夫。

丈量面积有难度

20世纪早期，我国海南黎族农民（图3-5）在说到较小的地块时，常用"把""攒""对""律""拇"等度量单位。其中"把"是双手并拢能够捧起的大米数量，6把等于1攒，6攒等于1对，2对等于1律，2律等于1拇。如果有一位黎族农民说，他家有1拇土地，意思就是说他家的土地每年可以收获1拇大米。1拇是多少呢？就是2律或者4对，或者24攒，或者144把。1把大米重约1千克，所以1拇是指每年可以收获144千克大米的地块。

图3-5 《皇清职贡图》里的清代海南黎族农民

还是20世纪早期，我国青海撒拉族农民（图3-6）计量土地，有一个单位叫"布日苦日六合"，指的是能够撒播1升种子的地块；还有一个较大的单位"布日达个日"，指的是能够撒播1石种子的地块。升和石都是容量单位，10升为1石，当时1升大约相当于900毫升。

图3-6　《皇清职贡图》里的清代青海撒拉族农民

同样在20世纪早期，我国台湾农民计量土地，有时会用农作物的数量来算。例如有一份台湾地契上写道："土田一丘，受种地瓜二万五千藤"。意思是说有一大块农田，不知道具体多少亩，只知道每年能种2.5万棵红薯。

从中国到英国，从古代到近代，当农民谈到心爱的土地，当农田在市场上不断转手，为什么普遍使用产量或者播种量来表示大小，而不用精确可靠的面积单位，例如平方尺、平方米、平方丈、分、亩、顷、公亩、公顷呢？

原因有三。

第一，对农民来说，土地的价值就是种植庄稼和收获粮食，一块地究竟有多大面积并不重要，重要的是它可以播种多少和产出多少。

第二，传统的面积单位并不像听上去那么精确可靠。以亩为例，历朝历代的亩都不一样，同一朝代的亩也不一样，1亩肥田的实际面积可能只是1亩薄田的三分之一或者四分之一，这个咱们前面已经探讨过，对不对？

第三，在现代化的测量工具和数学工具被发明出来以前，丈量土地面积其实是一项很难的工作，别说普通农民没有能力准确量出那些大大小小的地块面积，就算是张衡和祖冲之那样伟大的数学家亲自出面，也不一定量得出一块不规整农田的实际面积。如果是长方形、正方形、梯形、三角形以及圆形的地块，只要量出边长或半径，再用简单的公式一套，就能把面积算出来。可是，现实生活中的农田并不都是这些规则图形，边界很可能弯弯曲曲，地面很可能高低不齐，想算出这些地块的面积，你必须用到微积分，但是古代中国怎么会有人懂得微积分呢？

南宋前期，有一个名叫汪大猷的官员让江南农民报告自家的土地面积，他先下乡调查了一番，然后向上级汇报："愚民不识弓步，不善度量，若田少而所供反多，须使之首复，乃可并行。"普通老百姓不认识丈量工具，不擅长计算面积，本来只有10亩地，可能会算成15亩，必须让他们多次丈量，反复修改，才有可能得到比较准确的数字。

实际上，普通百姓固然没有能力准确丈量面积，即便让官府来做，即使派出最聪明最有经验的差役去丈量，最终也只能得到一个不太准确的结果。南宋笔记《云麓漫钞》中提到过当时丈量土地的难处：

> 有名"腰鼓"者，中狭之谓也；有名"大股"者，中阔之谓也；有名三广者，三不等之谓也。……此积步之法，见于田形之非方者。

有的地块中间窄两头宽，称为"腰鼓"；有的地块中间宽两头窄，称为"大股"；有的地块两头不一样长，中间也不一样长，称为"三广"。像这样不规则的地块，只能用"积步"的方法来丈量。

所谓积步，是指分段分块去量，把不规则的大地块尽可能分割成比较规则的小地块，再一小块一小块地累加起来，得到近似准确的总面积。

现在我们科技发达，无论多么不规则的地块都可以测量，完全用不着手工计算，手握一台便携式的GPS（全球定位系统），绕着地块边缘走上一圈，电子屏上就会自动显示面积。可是GPS才问世多少年？古代没有，近代也没有，绝大多数农民和测量人员非但不懂微积分，甚至连识字的都不多见，岂能量出每一块土地的面积？既然面积不好丈量，那就只能用产量、播种数量来代替面积了。

我们查考历朝正史，其中的《食货志》部分都记载有大量的农田面积数字。例如《宋史·食货志》："兴修水利田，起熙宁三年至九年，府界及诸路凡一万七百九十三处，为田三十六万一千一百七十八顷有奇。"意思是说王安石变法时期兴修水利，开发出361178顷水田。1顷等于100亩，361178顷即3611.78万亩。再比如《明史·食货志》："二十六年核天下土田，总八百五十万七千六百二十三顷。"明太祖洪武二十六年（1393年），朝廷核查天下农田，全国共有850多万顷，也就是8.5亿多亩。如果古人不擅长丈量面积，这些面积数字又是从何处得到的呢？

其实绝大部分都是农民自己报上去的。古代朝廷每隔几十年或者十几年，都可能重新核查一次全国耕地，核查的主要办法称为"自实"——让农民自己核实，报给官府，官府再一级一级上报，最后汇总出一个庞大的数字。

农民自报土地，会不会为了少交赋税而隐瞒面积呢？完全有这个可能。但是，朝廷也会祭出严厉的惩罚手段，对隐瞒土地的农民以及地方官府施以重罚，或抄家，或流放，或砍头，或降级。另外还有一个流传两千多年的惩罚措施，那就是鼓励老百姓互相检举：假如你的邻居隐瞒了10亩地，你去衙门举报，衙门查明属实，会没收这10亩地，并将其中5亩分给你，或者抄没你邻居的家产，将50%的家产分给你。

所以，我们在各朝正史中读到的那些看起来庞大并精准的土地数字，并不是来自实地测量，而是农民在侥幸和恐惧双重心理压迫之下，自下而上申报的成果，与实际面积相差甚远。

不仅是土地，就连人口也很难做到准确统计。古代中国是全世界最重视人口统计的国家，从秦朝开始，历朝历代都留下了人口统计的详细记录，但是统计方法跟丈量土地一样，主要靠老百姓自己申报，官府可不会派出那么多差役上门，挨家挨户地填写调查表。在很多朝代，统计到的人口甚至只包含成年人，因为在官府看来，只有成年人可以为国家提供劳役、贡献赋税，所以根本没必要统计小孩子。这就和古代农民买卖土地一样，关注重点是那块地的产量，而不是面积，以至于合同上根本不写那块土地的面积一样。

度量衡的演化，就像生物的演化，优胜劣汰，适者生存

农田交易可以不写面积，房屋交易还是要写的，以清朝的几宗房屋交易为例：

乾隆十六年（1751年），天津县城刘家胡同二道街一所房屋出售，合约上写明"南房两间，东房两间，灰草房十间，宅基南北六丈七尺，东西六丈二尺"。这所房总共14间，东西6.2丈，南北6.7丈，占地面积大约42平方丈，约等于0.7亩。如图3-7所示，即为清代北京的一套四合院的手绘图。

图3-7　清代北京四合院（郑晨手绘）

咸丰四年（1854年），浙江萧山县城居民王本仁卖房，合约上写明"宅基一分，上有坐北朝南大楼屋三间"，占地面积1分，也就是0.1亩，上盖小楼1幢，总共3间。

同治十年（1871年），北京宛平县居民阮俭斋卖房，合约上写的是："坐落北京中城西坊二铺大马神庙西头路南，门面房四间，里面正房四间，东西厢房四间，小灰棚一间，西院小厢房一间，宅基东西十五丈，南北九丈四尺。"东西15丈，南北9.4丈，占地面积141平方丈，相当于0.5875亩，上盖房屋14间。

你看，这些售房合同不仅要写房屋间数，还要写土地面积，完全不像那些农田交易合同，会用年产粮食多少担、可插秧苗多少把、播种稻谷多少升等信息来代替面积。

这又是为什么呢？

因为房屋依附于土地，买房的前提就是买地，土地的形状决定着房屋的格局，土地的面积决定着房屋的面积，一所房屋从建造到出售，底下的宅基始终是最关键的一环，假如不考虑宅基的位置、形状和面积，房屋岂不成了空中楼阁？

当然，农作物也依附于土地，但跟房屋不一样的是，农民种植庄稼，追求的只是产量，不需要把注意力放在田块的位置、形状和大小上。打一个比方：撒哈拉沙漠里有一块上万亩的土地，地面平整，横平竖直，但是寸草不生；某个小山坡下有一块零点几亩的土地，歪歪斜斜，弯弯曲曲，但是种出来的茶树枝叶繁茂，一年能产几百斤好茶。假如你是农民，你会选择哪块地？你不用回答，我们猜都能猜到。

　　概括来讲，农地交易不写面积，除了因为丈量时有难度以外，还因为面积并不是最重要的考虑因素，产量才是。而房屋交易就必须写面积了，因为土地面积对房产交易最重要，所以无论想什么办法，都要尽可能准确地把面积丈量出来。

　　另外还有一项重要原因：农田买卖主要发生在乡村熟人社会，买家和卖家通常是同一个村子的居民，对各自土地的产量都比较熟悉。即使不熟悉，根据多年来的种田经验，去实地踏勘一下土壤和水源，再用肉眼估量一下地块的大小，就能猜出个八九不离十，基本上可以杜绝卖家在契约上虚报产量的可能。而房屋买卖主要发生在城镇地区，城镇不是熟人社会，而是契约社会，契约上写得越详细越可靠。

　　其实不仅仅是面积，所有的度量衡单位，以及测定度量衡时可能用到的所有工具，都是我们人类为了实用而发明创造出来的。如果现实生活需要某一种精确的度量，那么这种度量就会迅猛发展，而那些不够精确的相关度量就会被逐步淘汰掉。

　　比如说尺度，先民交换兽皮和粗糙的纺织物，肯定需要用尺度来衡量长短宽窄，但是并不需要特别精确，用手指和胳膊比画比画就可以了。封建社会的人们丈量土地、买卖布匹，也需要尺度来衡量，如果还用手指和胳膊去量，一是麻烦，二是很难做到公正（交易双方的手臂并不一样长），于是就需要官府或者行业协会出面，制定相对标准的尺子，统一此前混乱不齐的尺度。进入现代科技社会以后，科学家观测原子的半径，芯片工厂设计和印刷集成电路，对测量精度的需求突飞猛进，传统的尺、寸、丈、引等尺度单位无一适合，骨尺、木尺、卷尺、卡尺等测量工具也无一能用，于是纳米、皮米、飞米被发明，显微镜、激光尺（图3-8）、原子尺、亚原子尺横空出世，于是国际社会统一采用公制，科学界一再更新米的定义。不过在一些手工制造领域，传统的不够精确的尺度依然适应生产需要，所以我们去选购或者定制衣服的时候，裁缝们还会随手拿起一根软尺，为我们量一下腰身和裤长，再报出一个精确到"寸"或者"英寸"的测量结果，完全不用精确到毫米、微米、纳米、皮米……

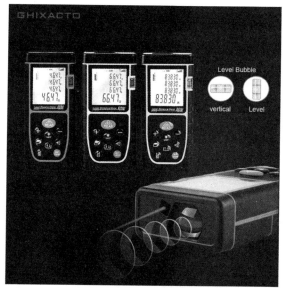

图3-8　激光尺（可以根据激光反射的时间来测量距离）

　　度量衡就是这样，它们的演化就像生物的进化，不断与外界环境互动，优胜劣汰，适者生存，凡是不再适应环境的都会被淘汰，凡是还能适应环境的，都将继续存活下去。

第四章

英制，美制，保守主义

肖邦的姓氏来自一瓶红酒

弗里德里克·肖邦，波兰钢琴家（图4-1）、作曲家，19世纪欧洲浪漫主义音乐的代表人物，弗里德里克是他的名字，肖邦是他的姓氏。

肖邦的姓氏来源于容量单位Chopin。肖邦为什么姓肖邦呢？因为他父亲姓肖邦。他父亲为什么姓肖邦呢？因为他父亲的父亲的父亲的父亲……也就是肖邦的祖宗，在法国卖过红酒。

在几百年前的法国，单瓶红酒的标准容量是1超品（Chopin），当时法国人说到红酒，就会想起超品（图4-2）；而说到超品，就能想起红酒。肖邦的祖宗既然卖红酒，所以就把"超品"当作家族的姓氏。后人再把这个姓氏译成汉语，就成了"肖邦"。实际上，按照现代汉语读音，把Chopin译成"超品"并不恰当，译成"肖邦"才比较接近。

087

第四章 英制，美制，保守主义

图4-1 波兰作曲家弗里德里克·肖邦

图4-2 两只伏特加酒杯（容量均为1超品）

现在我们知道了，肖邦的姓氏跟度量衡有关，是法国传统容量单位超品的另一种译法。那么这个容量单位到底有多大呢？折算成现在国际通用的毫升，到底有多少毫升呢？

算一下就知道了。

1法国超品等于1.5英制品脱，1英制品脱又等于0.125英制加仑，所以1法国超品等于0.1875英制加仑。

1英制加仑是多少呢？大约是4546毫升。所以，1法国超品就相当于852.375毫升，约等于850毫升。

现在市面上的法国红酒，单瓶容量通常是750毫升或者700毫升。也就是说，肖邦的祖上售卖的红酒，比现在的红酒要实惠，酒瓶更大，装得更多。

但必须说明的是，将1超品折算成850毫升，完全是根据现代英制加仑与毫升的换算关系来计算的。而在几百年前，还没有出现"毫升"这个概念，1加仑的实际大小是不确定的，可能比4546毫升略大，也可能比4546毫升略小，所以1超品的实际大小并不能十分确定。

作为容量单位，超品已经退出历史舞台，现代法国人不再使用，英国人、德国人和美国人也不再使用。事实上，英国人压根儿就没用过超品，他们过去常用的容量单位是品脱（Pint）、夸脱（Quart）、波特尔（Pottle）、加仑（Gallon）；此外还有更大的容量单位，例如配克（Peck）、坎宁（Kenning）、蒲式耳（Bushel）；以及更小的容量单位，例如大杯（Cup）、及耳（Gill）、杰克（Jack）、小杯（Pony）。如图4-3、图4-4所示。

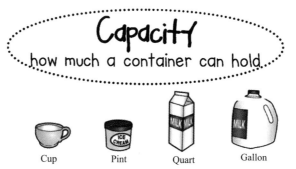

图4-3 从中世纪欧洲流传至今的几种常用容量单位：大杯（Cup）、品脱（Pint）、夸脱（Quart）、加仑（Gallon）

图4-4 几种较大的容量单位：品脱（Pint）、夸脱（Quart）、配克（Peck）、
半蒲式耳（坎宁）（Half-Bushel Dry Measure）、蒲式耳（Bushel）

这些容量单位的换算关系如下：

1蒲式耳=2坎宁

1坎宁=2配克

1配克=2加仑

1加仑=2波特尔

1波特尔=2夸脱

1夸脱=2品脱

1品脱=2大杯

1大杯=2及耳

1及耳=2杰克

1杰克=2小杯

1小杯=2口

根据以上换算关系，我们可以瞧出两个要点：

第一，传统英制容量单位之间都是倍数关系，典型的二进制；

第二，所有英制容量单位都是建立在"口"之上的。

什么是"口"？就是一小口。喝一小口红酒，再吐到量杯里，这个容量就是1口。不停地喝，不停地吐，一口一口地累加，吐2口是1小杯，吐4口是1杰克，吐8口是1及耳，吐16口是1大杯，吐32口是1品脱，吐64口是1夸脱，吐128口是1波特尔，吐256口是1加仑，吐512口是1配克，吐1024口是1坎宁，吐2048口是1蒲式耳。

用嘴测度容量，女王恼了

看到这儿，您肯定会觉得恶心——那么多、那么"高大上"的容量单位，竟然是通过一口一口去量得出来的。多不卫生啊！

是的，确实不卫生。

不卫生倒也罢了，最可怕的是不精准。您想啊，人的嘴有大有小，小芳樱桃小口，一口能吐5毫升；小强血盆大口，一口能吐50毫升。都是一口，差了十倍。即使是同一个人，每一口也不一样大：喝清爽扎啤，一口能灌半斤；喝烧刀子，一口最多半两。还是一口，又差了十倍。

《淮南子·泰族训》有云："寸而度之，至丈必差；铢而称之，至石必过。"一寸一寸地累积，累积到一丈，微小的误差会变成巨大的误差；一铢一铢地累积，累积到一石，微小误差会变成更加巨大的误差。

寸和丈是古代中国的长度单位，10寸为1尺，10尺为1丈。从寸到丈，要累积100次，假如每寸有1毫米误差，那么每丈就能差出100毫米，差不多跟您的手机一样长了。

铢是古代中国的重量单位，24铢为1两，16两为1斤，120斤为1石（这里的"石"是"禾石"简称，读shí；如果作为容量单位，则读dàn）。从铢到石，要累积46080次，假如每铢有1克误差，每石就能差出46080克，也就是46.08千克，差不多跟一个极瘦的女模特一样重了。

古代英国人把各种容量单位建立在"口"的基础上，假如每一口只有1毫升误差，当累积到品脱的时候，误差32毫升；累积到加仑，误差高达256毫升；如果累积到蒲式耳，误差将是2048毫升。朋友们，两千多毫升，那是什么概念？相当于三瓶红酒啊！

设想一下，肖邦的祖宗用一口一口吐酒的方式给您称量，您受得了吗？当然，人家也不可能用这种笨法子，应该是用标准量器去量。问题在于，当时所谓的标准量器，都是建立在"口"之上的，怎么可能做到"标准"呢？商家拿出来一只量杯，标的是1超品；顾客怕吃亏，也从怀里摸出来一只量杯，标注也是1超品。两只量杯一比较，您的量杯比肖邦祖宗的量杯大得多，那怎么办？用谁的量杯？您坚持用您的，肖邦祖宗坚持用他的，于是就争执起来，红酒没有买成，买到一肚子气。

公元1559年，伊丽莎白一世（图4-5）登上英国女王的宝座，她发现了现有容量单位既不标准也不卫生的弊端，于是下令废除用口称量的野蛮传统，并让容量与重量相结合，重新定义英国的容量单位。

图4-5 伊丽莎白一世画像

伊丽莎白一世是这样做的：她保留了品脱、夸脱、加仑等传统单位，但她让这些容量与"口"脱钩，与"盎司"结合起来。她规定，1品脱等于20盎司，1夸脱等于40盎司，1加仑等于160盎司（图4-6）。

1 cup=8 fluid ounces　(1大杯=8液盎司)

 1 pint=2cups=16 fluid ounces　(1品脱=2大杯=16液盎司)

 1 quart = 2 pints = 4cups　(1夸脱=2品脱=4大杯)

 1 gallon=4 quarts = 8 pints= 16cups　(1加仑=4夸脱=8品脱=16大杯)

图4-6　几种常用英制容量单位的换算关系

　　1大杯=8液盎司，1品脱=2大杯，1夸脱=2品脱，1加仑=4夸脱。

　　盎司本来是重量单位，1盎司等于360颗大麦加起来的重量。伊丽莎白一世让人用天平称重，在一个托盘里放入360颗成熟、饱满、晒到干透的大麦，在另一个托盘里注入同等重量的清水，再把这些托盘里清水倒进玻璃杯，玻璃杯里的清水有多少，作为容量单位的1盎司就有多少。也就是说，1盎司（图4-7）既是360颗大麦的重量，又是与360颗大麦等重的一杯水的容量。

图4-7　16世纪苏格兰的木雕扇贝双耳酒杯（容量为1盎司）

盎司确定了，品脱、夸脱、加仑也就确定了。稍做计算就能知道，1品脱的水与7200颗大麦等重，1夸脱的水与14400颗大麦等重；1加仑的水与57600颗大麦等重。大麦有大有小，但是将几百颗、几千颗、几万颗大麦混在一起称重，得到的会是平均重量，可以抵消颗粒之间的一些误差。

伊丽莎白一世用上述方法改革英国容量单位，至少有以下三种好处：

第一，新的容量单位不再需要用嘴测度，更卫生，更精准；

第二，让容量与重量挂钩，为进一步统一度量衡奠定了基础；

第三，大麦是当时欧洲最常见的谷物，是可应用范围内的最天然、最公平的容量测定标准，当交易双方在量度上有分歧时，不用找标准容器，不用找政府裁决，随随便便抓一把大麦，找一架天平，简简单单测量一下，就能消除分歧，这对促进市场交易非常有帮助。

英国容量统一了吗

其实在伊丽莎白一世之前，曾经有好几位英王试图统一度量衡。

1197年，"狮心王"理查一世颁布英国历史上第一个度量衡法令，规定"全英格兰的所有度量衡都应使用同一标准"。

1215年，理查一世的弟弟"无地王"约翰被迫签署《自由大宪章》，该宪章规定："全国应有统一之度量衡。酒类、烈性麦酒与谷物之量器，以伦敦夸脱为标准；染色布、土布、锁子甲布之宽度，以织边内之两码为标准；其他衡器亦如量器之规定。"

从1312年到1377年，爱德华三世在位期间，先后颁布《进口衣装条例》《羊毛条例》《葡萄酒条例》《鲱鱼条例》《腌鱼条例》《家禽条例》，以及1389年理查德二世颁布《土地丈量标准条例》《甘草、燕麦和家用面包条例》，都在重申《自由大宪章》的基础上，对全国度量衡的标准做出了详细规定。

从1422年到1471年，亨利六世在位时，英国政府制造出一大批标准的度量衡器具，分别交给各地的市长和警察保管，当交易双方在度量衡上有分歧时，可以向官方求助，用标准器具来裁决。不过，裁决是需要付费的，双方交易根据商品的大小、轻重和贵重程度，向官方支付0.25便士到1便士不等的裁决费。

从1509年到1547年，亨利八世在位时，英国政府开始强令地方官为民间度量衡器具加盖印记，凡是跟官方标准相差太多的尺子、天平和容器，强制退出市场，不许继续使用。

从1558年到1603年，英国女王伊丽莎白一世在位时，英国政府开始在各地市场上专设"市场监督员"这个职位，让市场监督员们控制物价、检查度量衡。

但是，无论是伊丽莎白一世，还是其他英王，都没有做到真正统一英国的度量衡，甚至连容量单位都没有统一。最典型的表现是，各行业的容量标准不一样，同样是1加仑，量红酒的加仑就跟量啤酒的加仑有区别，量啤酒的加仑又跟量黄油的加仑有区别，量黄油的加仑则跟量谷物的加仑有很大区别。假如说1加仑红酒有4000毫升，那么1加仑大麦至少会有4500毫升。其他的容量单位，像夸脱、品脱、配克、蒲式耳等也是如此，称量液体商品的量器总是比称量固体商品的量器要小一些，结果就在英国和英国殖民地形成了"干量"和"液量"这两套标准。

英国容量单位的统一，其实是在1824年才完成的。在那一年，英国政府再次颁布度量衡法令，废除"干量"和"液量"，统一采用"英制"容量，然后才形成这样一套沿用至今的容量单位：

1蒲式耳=4配克

1配克=2加仑

1加仑=4夸脱

1夸脱=2品脱

1品脱=4及耳

1及耳=4盎司（液盎司）

1盎司=8打兰（液打兰）

原先的一些容量单位，例如坎宁、波特尔、大杯、杰克、小杯，从此退出历史舞台。

其后，在法国牵头下，国际公制委员会成立，国际度量衡大会召开，米、千米、克、千克、毫升、公升，渐渐成为国际通用的公制单位。英国政府与时俱进，将英制容量与公制单位挂钩，规定1加仑等于4.54609188升，也就是4546.09188毫升。相应地，其他英制容量也都跟升和毫升建立了对应关系，虽然说换算起来稍微复杂一些，但是每个容量都清晰可靠，基本上做到了与国际接轨。

美国加仑为啥跟英国不一样

在与国际接轨这一点上，美国比英国慢了一大步。

中国的学生初到美国留学，会有许多不适应的地方。比如说买东西，总要不自觉地把物价乘以汇率，把美元换算成人民币。这还不是什么大问题，更不便的是日常度量单位太复杂了，换算起来简直是一场灾难。

中国用的是摄氏度，美国习惯用华氏度，从华氏度到摄氏度并不是简单加减或者乘除就能换算的，它有一套复杂的换算公式：

华氏度=摄氏度×1.8+32

摄氏度=(华氏度−32)÷1.8

试问一下，如果没有计算器或者相关的手机小程序帮忙，谁能在调整空调温度的时候，瞬间算出75华氏度究竟相当于多少摄氏度呢？

中国人开车，仪表盘上显示的是时速多少千米和百千米油耗多少升；美国人开车，仪表盘上显示的却是时速多少英里和每加仑汽油能开多少英里。把英里换算成千米，需要乘以1.609344，或者简单一些，直接乘以1.6；可是计算油耗的时候，那才真叫考验数学成绩。

举一个实际例子，一款美式越野车的平均油耗是1加仑能跑22英里，英文简写为MPG，如果想换算成我们容易理解的百千米油耗，首先要把英里转换成公里：

1英里=1.609344千米

22英里=35.405568千米

然后把加仑转换成升：

1加仑=3.7854118升

最后用油耗除以千米数，再乘以100：

3.7854118÷35.405568×100≈10.69升

也就是说，1加仑能跑22英里，相当于百千米油耗10.69升。

你看，平常开车出门，看一眼油耗，就要做一番如此烦琐的计算，纠不纠结？烦不烦人？痛不痛苦？

为了便于计算油耗，动手能力较强的中国留学生会用Python语言或者Java语言写一些代码，编译成能在安卓系统或者苹果iOS系统下运行的小程序，安装到手机上，需要了解油耗的时候，把仪表盘上显示的数字输入进去，让程序帮自己算（图4-8）。

度量衡简史：世界的尺度

```
1   package com.nfsbbs.mpg;
2
3   import java.util.Scanner;
4
5   public class main {
6       public static void main(String[] args)
7       {
8           double l = 3.7854118;
9           double m = 1.609344;
10          double mpg, lp100km;
11
12          System.out.println("这是MPG（英里每加仑）和L/100KM的换算器。");
13          System.out.println("选择 MPG => L/100KM 请按 " + "1");
14          System.out.println("选择 L/100KM => MPG 请按 " + "2");
15
16          int a = new Scanner(System.in).nextInt();
17          switch (a) {
18          case 1:
19              System.out.print("请输入 MPG 的值：");
20              double b1 = new Scanner(System.in).nextDouble();
21              lp100km = 100 / (b1 * m / l);
22              System.out.println(b1 + "MPG 大概是 " + lp100km + "L/100KM。")
23              break;
24
25          case 2:
26              System.out.println("请输入 L/100KM 的值：");
27              double b2 = new Scanner(System.in).nextDouble();
28              mpg = (100 / b2) * (1 / m);
29              System.out.println(b2 + "L/100KM 大概是 " + mpg + "MPG。");
30              break;
31
32          default:
```

图4-8　将美国油耗换算成中国油耗的Java程序

前文说过，英国为了跟国际接轨，让1加仑等于4.54609188升。可是我们刚才把美国油耗换算成百千米多少升，计算规则却是1加仑等于3.7854118升！这是为何？

因为美国的加仑跟英国不一样。

英国的加仑比较大，从1824年至今，1英制加仑始终是4.5升多一点。美国加仑比较小，1美制加仑还不到3.8升。

我们知道，美国是前英国殖民地基础上独立的国家，美国度量衡源于英国，为什么美制加仑会不同于英制加仑呢？

因为英国在1824年改革了度量衡，美国却没有，仍然沿用了英国改革之前的容量单位。换句话说，现在的美制加仑，其实就是1824年以前的英制加仑。再换句话说，1824年是英美两国度量衡分道扬镳的界碑，从这一年开始，英国走上了公制化道路，不断跟国际接轨；美国继续走保守化道路，守着英国的老传统不放。

美国拒绝在度量衡上跟国际接轨，以至于现代美国的度量衡看起来非常混乱。

混乱到什么地步呢？

首先，还是像1824年以前的英国那样，容量单位分成两套，既有"干量"，又有"液量"。

美国的干量单位主要包括蒲式耳、配克、夸脱、品脱，其中1蒲式耳等于4配克，1配克等于8夸脱，1夸脱等于2品脱；液量单位主要包括加仑、夸脱、品脱、及耳、盎司、打兰，其中1加仑等于4夸脱，1夸脱等于2品脱，1品脱等于4及耳，1及耳等于4盎司，1盎司等于8打兰。作为干量单位，1品脱是550.61047毫升，1夸脱是1101.22094毫升；作为液量单位，1品脱却是473.176473毫升，1夸脱则是946.352946 毫升。

其次，美国的容量单位和长度单位之间不能直接换算。

在国际通用的公制单位当中，容量和长度之间有清晰可靠的数量关系，知道了一个规则容器的尺寸，就能算出它的体积，知道了它的体积，就能算出它的容量。例如1立方米就等于1000升，1立方分米就等于1升，1立方厘米就等于1毫升。但是在美国不能这样算，因为品脱和夸脱这些容量单位都是从中世纪欧洲流传下来的老一套，是几百年间约定俗成的惯用容量，既没有建立在米、分米、厘米之上，也没有建立在英尺、英寸之上。给你一个形状规则的容器，可以轻松测量内壁的尺寸，可以算出它的容积是多少立方米或者多少立方英尺，能够容纳多少升或者多少毫升，却无法直接算出它能容纳多少夸脱、多少品脱、多少加仑、多少盎司。真想计算，倒也算得出来，但是必须借用公制单位做媒介。也就是说，你得先算出它是多少升、多少毫升，然后再根据1升等于多少夸脱、1毫升等于多少盎司的换算关系，再进一步换算。并且在换算的时候，还必须用到大量的小数。

最后，美国度量衡单位常常是一词多义，一个单位既可能是容量，又可能是重量（图4-9）。

图4-9　哥伦布发现新大陆之前，美洲印加帝国烧制的一组陶制容器
（器形规整，图画精美，容量单位未知）

例如盎司，作为容量单位，它是1品脱的1/12；作为重量单位，它又是1磅的1/12（这里单指常衡盎司）。

再例如打兰，作为容量单位，它是1液盎司的1/8；作为重量单位，它又是1常衡盎司的1/16。

我敢断言，各位读者如果能坚持读到这里，一定会被这些混乱异常的美国度量衡搞得头大如斗。不过请您放心，即使是土生土长的美国人，有时候也会"懵圈"。别的不说，单说美国学生上课，老师讲到度量衡以及不同单位的进位关系，什么叫干量单位，什么叫液量单位，什么是英制单位，什么是美制单位，什么是常衡，什么是药衡，什么是金衡，1美制加仑等于多少盎司，1英制加仑又等于多少盎司，1美制液盎司等于多少毫升，1英制液盎司又等于多少毫升……99%的美国学生都会陷入一片混乱。讲课的老师如果不照着讲义去念，有时候自己都会说错，因为这一大堆比乱麻还乱的数量关系，没有几个人记得住（图4-10）。

图4-10　两件砝码，各重1磅，左为金衡磅，
右为常衡磅（1830年前后铸造于英国）

美制单位和保守主义

假定有一个美国科学家，手里拿着几只量杯，准备配制一种化学试剂。他的量杯外壁上肯定有划线（图4-11），假定划线上标注的容量是盎司、打兰或者比打兰还要微细的"微量"（1打兰等于60微量）。

图4-11　一只标注美制容量单位的量杯

这位美国科学家肯定非常熟悉美国的容量单位，他知道1盎司等于8打兰，1打兰等于60微量。虽然说这些容量之间都不是简单的十进制换算关系，但是用得久了，习以为常，他不用仔细思考，也能轻松搞定"6.5盎司相当于多少打兰""3.4打兰相当于多少微量"，就像现代中国人很容易搞清楚"6.5小时是多少分钟""3.4分钟是多少秒"一样。所以，这位科学家配制化学试剂的时候，应该不至于在容量上犯错。

但是，等他研究出结果并准备发表论文的时候，问题就来了。国际学术论文的发布通常使用国际单位，全世界的科学家都在用升和毫升，你美国科学家凭什么例外？为了让国际同行分享你的实验结论，总得把盎司、打兰和微量换算成国际单位吧？

怎样换算呢？当然有一套换算公式：

1美制液盎司=29.573529562毫升

1打兰=3.69669119525毫升

1微量≈0.06161毫升

到了微量这里，已经不是精确值了。但是不要紧，如此微小的剂量，对实验基本上构不成影响。

根据以上换算公式，美国科学家将他实验时所用的剂量单位换算成了国际单位，用一大堆小数发表了实验成果。国际同行读到他的论文，如果想重复这一实验，只能再想办法调整剂量，尽可能地舍去小数。为啥？因为标注国际单位的量杯（图4-12）很难准确量出"3.69669119525毫升"这样的剂量。

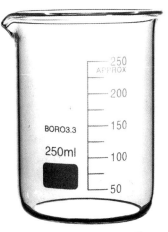

图4-12　一只标注公制
容量单位的量杯

由此可见，如果美国科学家坚持使用美制单位做研究，那将是国际学术交流的一大障碍。

美国科学家有没有坚持使用美制单位呢？答案是：一部分在用美制单位；一部分在跟国际接轨。那些不要求精确计量的科学研究，例如人类学、社会学、经济学，可以采用美制单位；而涉及高度精密计量的研究，例如生物制药、基因检测、航空航天，凡是没有保守到固执己见的美国科研工作者，都会采用公制单位。

美国科学界能在度量衡上使用公制，而商业界、工业界和普通老百姓居家过日子，那才叫顽固，绝大部分美国人都坚决不用公制。

以献血为例，美国人一次献血的正常数量是1品脱，约等于470毫升，折算成重量，将近1斤。如果你问采血的护士："这1品脱是多少毫升？"护士十有八九不知道。如果你再问："1品脱相当于多少立方英寸？"护士百分百不知道。因为在美国日常生活中，除了新移民，根本没有人去想这些问题。"1品脱就是1品脱，倒在白瓷碗里大概有一碗那么多吧？""多少毫升？跟我有关系吗？""多少立方英寸？品脱是容量单位，能跟英寸换算吗？"即便能换算，我干吗要算？美国人几百年来都没有理会过，还不是活得好好的吗？

再以加油为例，来自中国和法国的新移民习惯用升来计量，但美国加油站标注的都是加仑，你加了10加仑汽油，想算算等于多少升，你自己去算好了，美国"土著"绝对不会去算，加油站的工作人员也绝对不会帮你去算。

加拿大紧邻美国，曾经是英国和法国的殖民地，所以通行两套度量衡（图4-13）：英语区用英制度量衡多一些，法语区用公制度量衡多一些。但即便是来自加拿大英语区的加拿大人在美国加油，也会觉得不习惯，因为加拿大的加仑是英制加仑，比美制加仑大一些。英制加仑大约是美制加仑的1.2倍，用惯了英制加仑的车主，到了美国就会觉得汽油不耐烧——明明加了10加仑啊，怎么还没过去9加仑跑得远呢？

图4-13　加拿大某天然气站的价格显示牌，分别以加仑和升标识价格

　　无论新移民怎样抱怨，美国人就是岿然不动，继续坚守自己的那一套，既不迎合这颗星球上大部分国家都在使用的公制度量衡，也不迎合过去宗主国英国以及一些英联邦国家还在使用的英制度量衡。

　　现在地球上总共两百多个国家和地区（包括少量有争议的地区），绝大多数国家都在使用公制度量衡。有些国家即使日常生活中还没能彻底普及，至少也从法律层面上接纳了公制度量衡。目前全球只剩3个比较独特的国家，既没有从法律上接纳公制度量衡，也没有在生活中普及公制度量衡，它们分别是缅甸、利比亚以及超级大国美国。

　　缅甸和利比亚的全球影响力暂且不论，美国为什么拒绝接受公制度量衡呢？

　　如果说美国人的生活和工作丝毫不受影响，那绝对是睁眼说瞎话。现在美国的修车工人通常要准备两套工具，一套是公制，一套是美制，美制工具用来修本国车，公制工具用来修外国车（图4-14）。如果某个修车工人犯晕，没有看清车辆的款式或者工具的制式，一定会跑来跑去折腾老半天，不是扳手型号对不上，就是量油尺对不上，只能干着急，急得脑袋冒火。

图4-14　一支10英寸（约250毫米）型号的活动扳手

该扳手上同时标注了美制规格和公制规格。

既然美制度量衡用起来又烦琐又落伍，为什么不改成公制呢？

其实美国政府早就做过改革。

两个多世纪以前，美国刚摆脱英国殖民统治而独立那会儿，刚好碰上法国牵头搞公制度量衡，美国对此强烈支持，成为全球第一批支持公制度量衡的国家之一。

两个世纪以前的美国支持公制，既是因为公制比英制更科学更好用，也是因为美国想脱离英国的影响，想清除掉英国在美国留下的各种残余。

但是，美国搞得雷声很大、雨点很小，仅仅从货币上废除了英镑、先令和便士，改用美元和美分。至于度量衡改革，由于南方庄园主和北方实业家的集体反对，没能推行下去。

20世纪70年代末，吉米·卡特当选美国总统后，再次倡导在全国范围内逐步推广公制，直到完全废除美制为止。那时候，美国高速公路边上竖着的限速牌上，同时标注英里和千米。可是等到罗纳德·里根总统一上台，马上停止了公制化的进程，标注公里的限速牌也被换掉了，新标牌上只剩下英里数。里根是以保守著称的总统，但他成功地连任两届，成为美国人最欢迎的总统之一。

说穿了，美国拒绝公制，归根结底还是因为美国人民太保守。

您可能觉得奇怪：那可是美国，全世界科学技术先进、军事实力强大、经济实力强盛、创新头脑密集的头号大国，怎么能说它保守呢？

我们这里所说的保守，主要是指既得利益者对现有格局的保护。美国过去是老大，大部分美国人都自豪、自得、自傲于本国现有的地位，都希望能维持现有的世界格局，都反对那些可能触动他们利益的变革，哪怕有些变革从长远来看会给美国人带来无穷无尽的好处，只要变革初期会带来不便，他们就拒绝变革。或者用一句大白话说：既然现在这一套还能用，还能让美国人继续骄傲下去，干吗要换成另外一套呢？换起来多麻烦啊！

从美制过渡到公制，确实麻烦，而且是越往后越麻烦。美国建国已有两百多年，这个国家在旧的度量衡基础上修修补补，已经发展出了强大的工业体系和军事力量，如果想改成公制，那就意味着要完全抛弃现有的工业基础。从工厂里价值万亿美元的生产线，到码头上数以万吨计的黄铜砝码，再到超市里那些用美制进行测度的各种软尺、硬尺、激光尺、电子秤，统统都要调整或更换。与过渡到公制所带来的远期利益相比，目前改革所需要的巨大成本更为明显，更让美国人难以承受。

不过话说回来，不管美国的国民心理有多保守，也不管改革度量衡的经济成本有多巨大，将来美国终究会扔掉现在这一套既复杂又落后的度量衡制度，终究会加入国际公制的大家庭。这是文明发展的必然趋势，谁都无法阻挡。

这个时间会很长，少则几十年，多则几百年，且让我们拭目以待。

第五章

○

一升，一斗，两千年历史

○

家量出，公量入，田氏代齐

公元前539年，齐国大臣晏婴出使晋国，晋国大臣叔向负责接待。

叔向问晏婴："近来齐国发展得怎么样？还像以前那样强盛吗？"

晏婴答道："我们齐国经济形势还好，就是政治形势有点儿危险，国君可能要换了。"

叔向很惊讶："这怎么说呢？"

晏婴叹了口气："哎，现而今在齐国，姜姓的威望越来越差了，田氏的威望越来越强了。姜姓向民间放贷，用公量贷出，让人们用公量偿还，平出平进，公平合理；可是田氏更进一步，用家量贷出，让人们用公量偿还，所以民众归心，大部分国民都拥护田氏。照这个趋势发展下去，将来田氏必定取代姜姓，成为齐国的新君。"

听到晏婴说的这些话，您可能不知所云：什么是"公量"？什么是"家量"？田氏又是谁？这个田氏用家量放贷，用公量收债，对老百姓又有什么好处呢？

其实，田氏不是一个人，而是一个家族。这个家族的始祖名叫田完，是陈国君主的儿子。春秋时期，陈国内乱，田完为了逃命，投奔到齐国，做了齐国的官，还娶了齐国贵族的女儿。

田完是齐国的"新移民"，他的后代成为地地道道的齐国人。这些后代子孙在齐国勤勤恳恳，兢兢业业，官做得越来越大，财富积累得越来越多，多到了富可敌国的程度。

不过，田氏子孙富而好仁，注重打造家族的慈善形象。老百姓来借贷，田氏有求必应，从来不让人空着手回去。穷人来还债，田氏也不要利息。不但不要利息，甚至亏本收债——用较大的容量放贷，用较小的容量收债。

当时齐国称量谷物，会用到五种容量单位：一是升，二是豆，三是区，四是釜，五是锺。升最小，锺最大，豆、区、釜居中。按照齐国官府规定，这些容量单位的换算关系是这样的：

1锺=10釜

1釜=4区

1区=4豆

1豆=4升

中国国家博物馆现藏有战国时代齐国的两件陶器，一大一小。小的叫"陶豆"（图5-1），有大号饭碗那么大，该陶豆现藏中国国家博物馆，深腹广口，口沿有缺，外壁有两处印文，其中一处阳刻"公豆"二字。大的叫"陶区"（图5-2），有中号瓦盆那么大。该陶区现藏中国国家博物馆，广口深腹，腹部有绳纹，外壁戳印铭文两处，其中一处阳刻"公区"二字。"区"为齐国量制单位，"公"意即官府所制。陶豆高11.6 厘米，口径 14.9厘米，实测容积是1300毫升；陶区高17厘米，口径20.5厘米，实测容积4847毫升。陶区的容量，差不多是陶豆的4倍，基本符合齐国官府规定。

图5-1　战国时齐国量器：陶豆　　　图5-2　战国时齐国量器：陶区

假如以陶豆的实测容积为准，1豆为1300毫升，根据齐国官府规定的换算关系，可以算出各种容量分别相当于多少毫升：

1锺=208000毫升

1釜=20800毫升

1区=5200毫升

1豆=1300毫升

1升=325毫升

我们可以把以上这些视为齐国标准量器的容量，也就是晏婴所说的公量。

公量之外，还有家量。所谓家，就是家族。田氏家族用的量器，跟齐国的标准量器有所不同，他们的升和豆还跟标准量器一样，但是区、釜和锺都变大了（图5-3，该铜釜现藏中国国家博物馆，小口深腹，平底，两侧有耳。腹壁刻铭文9行、108字）。

图5-3　战国时齐国量器：铜釜

田氏家族规定的容量换算关系：

1锤=10釜

1釜=5区

1区=5豆

1豆=4升

我们不妨再计算一下。田氏家量的升和豆都跟公量一样，1升是325毫升，1豆是1300毫升。但因为田氏家量的1区为5豆，1釜为5区，所以他们的1区应该是6500毫升，1釜应该是32500毫升。1锤呢？自然是325000毫升。

下面列出田氏家量分别相当于多少毫升：

1锤=325000毫升

1釜=32500毫升

1区=6500毫升

1豆=1300毫升

1升=325毫升

齐国公量区是5200毫升，田氏家量区是6500毫升，相当于公量的1.25倍；齐国公量釜是20800毫升，田氏家量釜是32500毫升，相当于公量的1.56倍；齐国公量锤是208000毫升，田氏家量锤是325000毫升，仍然相当于公量的1.56倍。

齐国君主放贷，公量贷出，公量收进，这叫"平出平入"；田氏家族放贷，家量贷出，公量收进，这叫"大斗出，小斗入"（图5-4）。谁对老百姓更大方？谁在做慈善事业？当然是田氏。

该铜斗现藏湖南省博物馆，高13厘米，口径15厘米，实测容积2300毫升。外壁一侧方框内有篆体铭文6行，共58字。

所以，田氏比齐国姜姓君主更得民心，所以晏婴才会认为田氏将要取代齐国现在的姜姓君主。

图5-4 战国时楚国量器：铜斗

晏婴的预测有没有变成现实呢？有。公元前386年，田完的后人田和得到周天子和诸侯的准许，正式成为齐国君主，在齐国传承六七百年的姜姓政权从此被田氏政权彻底取代。

这一年距离晏婴出使晋国并向晋国大臣叔向透露齐国君主将要被异姓取代，相隔已有150余年，可见晏婴有多么高瞻远瞩，也可见田氏家族为了夺取齐国政权有多么深谋远虑。

书中自有千锺粟，一锺到底是多少

锺是齐国最大的容量单位，同样也是其他诸侯国最大的容量单位。

陕西咸阳博物馆现藏一件铜锺，是战国时代魏国的量器，小口大腹，器身修长，像一尊超大号的花瓶，高56厘米，口径19厘米，腹围116厘米，实测容积26400毫升。器身有铭文："安邑下官锺，七年九月，……十三斗一升。"如图5-5所示，该铜锺出土于陕西咸阳塔尔坡，现藏咸阳博物馆。

根据铭文可以看出，这件铜锺的实际容量远远不到1锺，仅有"十三斗一升"。

图5-5　战国时魏国量器：安邑下官铜锺

"十三斗一升"又是多少呢？

斗不同于豆。豆是春秋初期就有的容量单位（图5-6），该铜豆现藏台北故宫博物院，高19.9厘米，腹径22.1厘米，容量未知。公量1豆等于4升；斗是春秋晚期才出现的容量单位，公量1斗等于10升。"十三斗一升"，那就是131升。

图5-6　战国时期青铜豆

前文说过齐国公量的换算关系：1锺为10釜，1釜为4区，1区为4豆，1豆为4升。推算可知，1锺等于640升。

前文还说过田氏家量的换算关系：1锺为10釜，1釜为5区，1区为5豆，1豆为4升。推算可知，1锺等于1000升。

我们不知道战国时代魏国通行的是公量还是家量。假如按公量，1锺为640升，而这件魏国"安邑下官锺"可容131升，那就是0.2锺。0.2锺的实测容积是26400毫升，那么魏国1锺的容积就是132000毫升。假如按家量，1锺为1000升，则安邑下官锺仅有0.13锺。0.13锺的实测容积是26400毫升，则魏国1锺的容积应该是203076毫升。

齐国公量1锺是多少呢？208000毫升；家量1锺又是多少呢？答案是325000毫升。而魏国锺则要小得多，无论按公量推算，还是按家量推算，都比不上齐国锺。这说明春秋战国时代，诸侯国之间的容量并不统一。所以秦始皇统一六国以后，才有必要统一度量衡。

但不管在哪个诸侯国，锺都是一个很大的容量。《周礼·地官·廪人》描述过古人的饭量："凡万民之食，食者人四鬴，上也；人三鬴，中也；人二鬴，下也。"在这里，"鬴"是"釜"的通假字。这段话意思是说，一个成年人每月吃掉4釜粮食，属于大饭量；每月吃掉3釜粮食，是中等饭量；每月只吃两釜粮食，属于很小的饭量。1釜是多少？1锺的十分之一而已，一个成年大饭桶一个月才能吃完4釜，还不到1锺的二分之一。推而论之，1锺粮食可以让一个成年人吃好几个月。

1锺粮食到底有多重呢？我们不妨估算一下。

前面已经推算出魏国锺的最小容积，1锺仅有132000毫升。春秋战国时代，中原地区的主食是粟米（俗称谷子、小米），而粟米的密度大约是每毫升1.2克，132000毫升小米大约重158400克，也就是158.4千克。

假如按照齐国田氏家量的高标准来算，1锺有325000毫升，全部盛上粟米，能盛390000克，也就是390千克。

　　1锤粟米的重量在158.4千克到390千克之间，那么0.4锤粟米的重量自然是在63千克到156千克之间。《周礼》上说，一个大饭量的成年人每月可以吃掉4釜也就是0.4锤粮食，像这样的食量放到今天，仍然是大饭量。

　　《史记·魏世家》记载："魏成子为相，食禄千锤。"战国时期，魏文侯的弟弟魏成子当丞相，每年的俸禄是1000锤粮食。

　　魏晋以前，中原王朝为百官发放俸禄，一直以粟米为基准。如果发的是铜钱、金银或者其他谷物，也要折算成粟米。所以，魏成子年俸1000锤，是说他每年可以领到1000锤粟米，或者每年领到的俸禄相当于1000锤粟米。

　　1000锤粟米有多重？很简单，按1锤粟米只有158.4千克的最低标准来算，1000锤就是158400千克，将近160吨；如果按1锤粟米390千克的最高标准来算，10000锤就是390000千克，将近400吨。

　　魏成子出生之前几十年，正是孔子周游列国的时候（图5-7）。孔子做官的时间没有魏成子长，但是同样有过1000锤粟米的高收入。

图5-7　汉代画像砖：孔子乘坐马车周游列国

　　《孔子家语·致思》收录了孔子向弟子们讲的一段话：

　　季孙之赐我粟千锺，而交益亲；自南宫敬叔之乘我车也，而道加行。故道虽贵，必有时而后重，有势而后行，微夫二子之赒，则丘之道殆将废矣。

孔子说，鲁国贵族季孙氏曾经赏给他1000锺粟米，另一个贵族南宫敬叔曾经赠给他一辆马车。假如没有季孙氏的打赏和南宫敬叔的馈赠，他就没有机会周游列国、宣讲学说，他的政治主张和学术思想可能就要悄无声息地被湮灭在历史长河里了。

有一首非常著名的诗，出自宋真宗（图5-8）《劝学篇》：

富家不用买良田，书中自有千锺粟。

安居不用架高堂，书中自有黄金屋。

图5-8　北京故宫南薰殿帝王画像：宋真宗

诗意大概是说，你想变成富人吗？不用买地出租，只要读书学习，就有机会得到千锺粟米的高官厚禄；你想拥有豪宅吗？不用花钱盖房，只要读书学习，就有机会拥有雕梁画栋的高堂华屋。

在宋真宗所生活的宋朝，中国容量单位里早就没有了"锺"（如图5-9所示，该铜锺现藏台北故宫博物院，腹径36.2厘米，高44.6厘米，可容10斗。），取而代之的是"石"。但是，千锺粟在历史上太有名了，在汉文化的语境里已经成了"高官厚禄"的代名词，所以宋真宗会把"千锺粟"作为诱饵，劝导人们用功读书、报效朝廷。

图5-9　汉代铜锺

战国时代的国际计量会议

孔子是鲁国人，鲁国贵族季孙氏赏孔子1000锺粟米，用锺来计量；魏成子是魏国人，魏国君主给魏成子1000锺年薪，也是用锺计量。不过，墨子的一个门生在卫国做官时，其俸禄却是用盆来计量的。

我们知道，墨子是战国时代著名的思想家、发明家和教育家，门下弟子遍及天下，很多高足都被他送到不同的诸侯国做了官。墨子师徒编撰的《墨子》一书记载了这么一个故事：

子墨子仕人于卫，所仕者至而返。子墨子曰："何故返？"

对曰："与我言而不当。曰'待汝以千盆'，授我五百盆，故去之也。"

子墨子曰："授子过千盆，则子去之乎？"

对曰："不去。"

子墨子曰："然则非为其不审也，为其寡也。"

墨子把一个学生送到卫国当官，那个学生没几天就回来了。

墨子问："为啥回来？"

学生说："真气人，卫国人说话不算话，说好了给我1000盆的俸禄，结果却给我500盆！"

墨子又问："如果给你的俸禄超过1000盆，你还会回来吗？"

学生说："那肯定不回来。"

墨子笑道："哦，你之所以回来，原来并不是因为人家说话不算话，而是因为俸禄太少啊！"

在这个故事里，"盆"作为容量单位，在先秦文献里并不多见。一盆有多少？大盆还是小盆？1000盆粟米跟1000锺粟米相比，哪个给得多？这些都不可考。

好在可以估算出来。战国时代的另一个思想家荀子在《荀子·富国》中写道："今是土之生五谷也，人善治之，则亩数盆。"荀子的意思是说，如果一个农民辛勤耕种，并且擅长管理农田的话，一亩耕地一年可以收获几盆粮食。

战国的亩比较小，粮食产量也比较少，据吴慧《中国历代粮食亩产研究》一书考证，战国晚期每亩耕地年产粟米大约100千克。我们把这100千克作为荀子所说的"数盆"，则1盆至少能盛粟米10千克以上。1000盆至少能盛10000千克，即10吨；500盆至少能盛5000千克，即5吨。

卫国本来承诺给墨子的学生10吨以上粟米，后来只给5吨以上，打了一个对折。墨子的学生当然要不高兴，当然要撂挑子走人。

引用这个故事，并不是要证明墨子的学生没有孔子收入高，更不是想证明墨家没有儒家受欢迎。我们想说的是，春秋战国时代各诸侯国的容量不统一，有的国家用锺发俸禄，有的国家用盆发俸禄。

读者诸君如果有心查考，可以留意一下《左传》和《战国策》里诸侯为大臣发放俸禄的相关记载，应该能总结出如下规律：

齐国、魏国和鲁国用锺，秦国和赵国用石，卫国用的是盆，楚国用的则是担。

锺、石、盆、担，是当时各国常用的不同度量衡。

度量衡不统一，交易就会受阻碍。像吕不韦那样的大商人，生意做得大，经常跨国贩运，假如他把几十车粮食卖到齐国，得用锺称量；卖到卫国，得用盆称量；卖到楚国，得用担称量。如此交易，相当麻烦，急需国君出面，在诸侯国之间统一度量衡。

秦始皇统一度量衡，人所共知，但是很少有人知道，早在秦始皇之前，秦国和齐国就尝试统一度量衡了。

那是公元前344年，齐国派代表团来到秦国，与秦国当时主持变法的大臣商鞅商讨了统一度量衡的意见和办法。

上海博物馆现藏一件秦国青铜器，名曰"秦国商鞅铜方升"。这件器皿方形有柄，全长18.7厘米，宽6.97厘米，深2.32厘米，实测容积202毫升。器身左壁有铭文："十八年，齐率卿大夫众来聘。冬十二月乙酉，大良造鞅，……壹为升。"意思是说，秦孝公十八年（公元前344年），齐国派使臣到秦国，商讨度量衡改革事宜。这年腊月，大良造（秦国的一种高级爵位）商鞅奉秦王之命，铸造了这件量器，以此作为1升的标准容量（图5-10）。

公元前221年，秦始皇灭六国，统一度量衡，并没有另起炉灶，再搞一套新的度量，而是把商鞅铸造的标准量器当作标准，在全国范围内推行下去。

图5-10　秦国商鞅铜方升

　　上海博物馆还藏有一件"秦始皇铜方升"（图5-11），也是方形有柄的容器，长18.7厘米，宽6.89厘米，深2.51厘米，实测容积215.65毫升。此升与商鞅方升形制相同，尺寸接近，应是仿制商鞅方升而铸造，较商鞅方升深度多0.2厘米，容积比商鞅方升略大。外壁一侧刻秦始皇二十六年　（公元前221年）统一度量衡诏书。这就是秦始皇统一度量衡之后铸造的标准量器，无论是形制还是大小，该量器都是对商鞅铜方升的模仿。

图5-11　秦始皇铜方升

商鞅方升的容积是200毫升多一点，秦始皇方升的容积也是200毫升多一点，说明秦始皇统一度量衡前后，秦国1升的标准容量应该就在200毫升以上（图5-12）。该秦代陶量出土于山东邹县，现藏山东博物馆。该器用细泥灰陶土烧制，质地坚硬，平底广口，高8厘米，口径16.8厘米。外壁戳有10个方印，组成秦始皇二十六年（公元前221年）统一度量衡诏书。

图5-12　秦代量器：陶量

最近几十年，湖南出土过战国时期楚国的量器，河北出土过赵国的量器，河南出土过韩国的量器（图5-13），根据器身铭文和实测容积推算，楚国1升应为220毫升以上，赵国1升则是180毫升以下，韩国1升应该在180毫升左右。

图5-13　战国时期韩国量器：木斗

该木斗出土于河南登封告城古阳城炼铁遗址，现藏中国国家博物馆。高11.4厘米，内深9.8厘米，口、底内径分别为14.7厘米、14.8厘米，壁厚1.2厘米，底厚1.6厘米，实测容积1860毫升。推知韩国1升为186毫升。

"升"是春秋战国时最基本的容量单位，知道了1升有多少，就能知道1斗、1豆、1区、1釜、1锺各是多少。因为按照春秋时期的公量，1斗为10升，1豆为4升，1区为16升，1釜为64升，1锺为640升。

有没有比升还小的容量单位呢？有。从西汉开始，中国的容量单位里又增添了"龠（读yuè）"和"合（读gě）"，两龠为1合，10合为1升。换句话说，合比升小10倍，龠比升小20倍。

但是，直到秦始皇统一度量衡的时候，龠和合还不是容量单位，最基本的容量始终是升。

英国容量源于口，中国容量源于手

升是怎样成为容量单位的呢？

汉代训诂学著作《小尔雅·广量》提供了一种解释："一手之盛谓之溢，两手谓之掬。……掬，一升也。"用手去捞水，单手能容的水量叫做"溢"，双手合捧的水量叫做"掬"。掬，就是升，升这种容量，来源于双手合捧。

本书第四章追溯过英国容量单位的由来，加仑、夸脱、品脱、坎宁、蒲式耳，这些容量都建立在口上。不停地喝酒，不停地吐到容器里，吐2口是1小杯，吐4口是1杰克，吐8口是1及耳，吐16口是1大杯，吐32口是1品脱，吐64口是1夸脱，吐128口是1波特尔，吐256口是1加仑……

再看春秋战国时的容量单位，全部建立在手上。用双手捧水或者捧粮食，往容器里装，1捧是1升，4捧是1豆，10捧是1斗，16捧是1区，64

捧是1釜，640捧是1锤……

英国伊丽莎白一世改革度量衡，重新厘定容量单位之间的换算关系，并且让容量与重量相结合。她规定1品脱等于20盎司，1夸脱等于40盎司，1加仑等于160盎司。1盎司呢？则是与360颗大麦等重的水容量。

秦始皇统一度量衡，并没有把容量和重量结合起来，仅仅是在商鞅铜方升的基础上，重铸了一批标准量器。在容量与重量之间消除壁垒，真正从理论高度上统一度量衡，那是汉朝著名外戚大臣、后来篡汉自立、新朝皇帝王莽所完成的工作。

《汉书·律历志》记载：

量者，龠、合、升、斗、斛也，所以量多少也。本起于黄钟之龠，用度数审其容。以子谷秬黍中者，千有二百实其龠，以井水准其概。合龠为合，十合为升，十升为斗，十斗为斛，而五量嘉矣。

汉朝的容量单位，包括龠、合、升、斗、斛。如图5-14所示的这件汉代铜钫，是用来储存酒水的容器，现藏台北故宫博物院，长宽各22厘米，高36.2厘米，铭文显示可容4斗5升。

图5-14　汉代铜钫

龠，本来是一根管子，长度和直径都有标准，敲击能发出黄钟的音调。王莽经过实验发现，往这根管子里装黍米（又叫穈子，俗称黄米），刚好能装1200颗。再把这1200颗黍米放在天平一端的托盘上，往另一端托盘里注入井水，当两端平衡时，将托盘里的井水倒进容器，容器里的水容量，就是1龠的容量。

推而论之，所谓1龠，就是与1200颗黍米等重的水的容量。

1合等于2龠，所以1合是与2400颗黍米等重的水的容量。

再将合的容量乘以10倍，得到升；将升乘以10，得到斗；斗再乘以10，得到斛。通过反复地称量黍米和清水，王莽成功地将龠、合、升、斗、斛等五种容量单位与重量全部结合起来了。

但是，通过一粒一粒数黍米的方式来测定量器，不仅麻烦，而且容易有误差。于是王莽又进一步实验，直接让水的重量与升联系起来。王莽发现："水一升，冬重十三两。"冬至那天，将1升清水倒在天平上称量，重量是13两。按照这个标准，就能用水和天平来测定量器了：1升水重13两，1斗水重130两，1斛水重1300两。比如说，在一只木斗里装满清水，再称水重，如果达不到130两，或者超过了130两，那就表明这只木斗不够标准。

为了统一全国范围内的所有量器，王莽用数黍米和称水重的方法，在当时工艺允许的条件下，成功制定了一系列最精确的铜方升、铜方斗（图5-15，该铜方斗全长23.92厘米，高 11 厘米，口长14.75 厘米，宽 14.77 厘米，容积1940 毫升。）、铜合、铜斛，作为测定民间量器的权威标准。

王莽是儒家信徒当中最忠实、最天真的理想主义者，也是一个完美主义者，他还铸造了一件能将龠、合、升、斗、斛等五种容量合为一体的"嘉量"（图5-16）。该铜嘉量可以测定龠、合、升、斗、斛五种容量，现藏台北故宫博物院。

图5-15　王莽改革度量衡时的标准量器：铜方斗

图 5-16　王莽铸造的"五合一"标准量器：新莽铜嘉量

这件嘉量，整体呈圆筒状，两端开口，中有隔挡，隔挡以上可容1
斛，隔挡以下可容1斗。两侧各有一只耳朵，左耳容量为1升，右耳是两
端开口、中有隔挡的小圆筒，隔挡以上可容1合，隔挡以下可容1龠。器
身用小篆铸刻铭文如图5-17、图5-18所示。

图5-17　新莽铜嘉量铭文拓片

图5-18　新莽铜嘉量铭文拓片（局部）

黄帝初祖，德币（读zā）于虞。

虞帝始祖，德币于新。

岁在大梁，龙集戊辰。

戊辰直定，天命有民。

据土德受，正号既真。

改正建丑，长寿隆崇。

同律度量衡，稽当前人。

龙在己巳，岁次实沈。

初班天下，万国永遵。

子子孙孙，享传亿年。

这段铭文文字典雅，平仄押韵（按中古音韵，新、辰、民、真、崇、人、沉、遵、年，尾音相同，押同一个韵），翻译成大白话，意思是这样的：

黄帝是我的老祖先啊，他的美德汇集到了舜帝身上。

舜帝也是我的老祖先啊，他的美德汇集到了我王莽身上。

今年是戊辰年（公元8年），木星运行到了大梁方位（汉朝人把肉眼可见的木星运行轨迹分成十二个方位，从西向东，依次为星纪、玄枵、娵訾、降娄、大梁、实沈、鹑首、鹑火、鹑尾、寿星、大火、析木），北斗星的斗柄正指向东方青龙（古代中国天文学家将黄道附近的星象分成四组、二十八宿，东方青龙包括角、亢、氐、房、心、尾、箕等七宿，包括四十六个星座、三百多颗恒星）。

就在这个美好的年份，我遵从上天的安排，继承先祖的美德，取代汉朝，建立新朝，领导着天下臣民。

我把丑月（农历十二月）定为一年的开始，江山永固，社稷长存。

我统一了度量衡，考订翔实，计算精确，完全合乎上古圣贤的标准。

当木星运行到实沈方位旁边，也就是己巳年（公元9年），我将把这一套度量衡颁行天下，让所有郡国永远遵循。

今人要使用这一套度量衡，后世子孙也要继续使用，亿万年以后也不会搞混。

实际测量王莽铸造的铜方斗和铜嘉量，1龠为10毫升，1合为20毫升，1升为200毫升，1斗为2000毫升，1斛为20000毫升。其中"升"的大小与商鞅铜方升以及秦始皇铜方升都非常接近，所谓"合乎上古圣贤的标准"，其实是指商鞅和秦始皇的标准。如图5-19所示，这是一件西汉的量器——铜犁斛。

图5-19　西汉量器：铜犁斛

该铜犁斛现藏天津博物馆，高6.5厘米，内口径18.59厘米，器重707克，容量645毫升。器外一侧铭文："元年十月甲午，平都戍、丞纠、仓亥、佐葵，犁斛。"旁刻小字："容三升少半升，重二斤十五两。"三升少半升即容量为三又三分之一升，相当于一斗的三分之一。

经王莽考订和颁布的容量，在东汉和魏晋继续使用。但是到了南北朝时期，容量就乱了，北朝如北齐、北周的升，突然增大到原来的两倍甚至三倍。

春秋战国时期，1升在200毫升左右；商鞅变法和秦始皇统一度量衡时期，1升为200毫升多一点；王莽审定度量衡，1升为200毫升；而北齐和北周的升，已经膨胀为400毫升、500毫升、600毫升了。如图5-20所示，为一组古代中国的青铜量器。

图5-20　古代中国的一组青铜量器（现藏法国国立工艺与科技博物馆）

王莽想让自己建立的新朝江山永固、社稷长存，实际上新朝只存续了十几年，他这个理想破灭了。

王莽想让自己颁布的度量衡被子孙万世永远使用，可是单看容量在南北朝时的暴增就知道，他这个理想也破灭了。

度量衡是人造的工具，一定会因为人类社会生产和生活的需要而不断变化，怎么可能恒久不变呢？用美国作家斯宾塞·约翰逊的话说："变化总是在发生，这个世界上没有什么是不变的，除了变化本身。"

可惜的是，王莽不懂得这个道理。

升斗的膨胀，以及唐宋酒价

秦汉以后是魏晋，魏晋以后是南北朝，南北朝以后是隋唐。隋唐所继承的度量衡，实际上是南北朝时期北齐和北周的度量衡，也就是暴增以后的度量衡。

与秦汉魏晋相比，隋唐的尺度、重量和容量统统暴增。暴增到什么程度呢？

秦汉时期，1尺在23厘米左右，1斤在250克左右，1升在200毫升左右。

隋唐时期，1尺在30厘米左右，1斤在600克左右，1升在600毫升左右。

从秦汉到隋唐，尺度增加了30%，重量增加了140%，容量增加了200%！

度量衡集体膨胀，本质上与通货膨胀一样，是政府增加赋税、加强剥削的一种手段。问题在于，为什么尺度膨胀并不十分明显，重量膨胀却很厉害，容量膨胀得尤其厉害呢？

因为尺度是单维的，横长多少，竖宽多少，特别容易看出来。官府征收布匹，去年用20厘米的尺子去量，今年用30厘米的尺子去量，老百姓马上就能发觉。假如尺度膨胀过于明显，老百姓一定集体抗议。

而给物品称重，用的是天平或者杆秤，官府在砝码和秤砣上动一动手脚，老百姓不那么容易看得出来。特别是秤砣，本该重1斤，官府让它重1.1斤，如此轻微的改动，经过杠杆原理的放大，能让百余斤的货物变得只"剩"几十斤。同等重量的谷物，前朝用小秤砣称量，显示100斤；本朝用稍大一点儿的秤砣称量，显示50斤。这样一来，每斤的实际重量可不就成倍暴增了吗？

再说容量，它的暴增实际上是因为官方标准容器变大了一点点。打个比方说，前朝铸造的标准容器，长10厘米、宽10厘米、深10厘米，实际容积1000毫升；本朝再铸造时，只要将长度、宽度和深度各增加3厘米，实际容积就变成了2197毫升。容器的尺度只膨胀了一点点，容量却成倍增长。

简言之，尺度膨胀得慢，是因为官府担心百姓抗议；重量和容量膨胀得快，是因为老百姓很难发觉秤砣和容器的那一点点改变。

容量经过南北朝的暴增，再经过隋唐的确认，此后就成了宋朝的标准。两宋三百年，皇帝大多对百姓的剥削并不特别过分，官定容器不再增长，1升始终维持在600毫升左右。

所以，宋朝人阅读唐朝诗文的时候，完全可以用他们生活中常用的容量来理解唐朝的物价。如图5-21～图5-23所示，分别为唐、宋两朝用来盛酒的容器。

图5-21　唐朝时铸造的一套青铜酒盏（现藏英国伦敦巴拉卡特美术馆）

图5-22 酒盖底部的铭文：内库
（说明这套酒盖从唐朝宫廷仓库流出）

图5-23 宋代酒瓶（后世收藏
家称为"经瓶"或"梅瓶"）

举个例子，宋真宗宴请百官，问起唐朝的酒价。大臣丁谓答道：
"唐朝一升酒卖三十文铜钱。"宋真宗问丁谓有何凭据，丁谓说："我
读过杜甫的诗，'速宜相就饮一斗，恰有三百青铜钱。'一斗是10升，
一斗卖300文，一升自然卖30文。"宋真宗听了很高兴，夸丁谓有学问，
脑子好使。

丁谓所说的杜甫那首诗，其中四句原文如下：

街头酒价常苦贵，方外酒徒稀醉眠。

速宜相就饮一斗，恰有三百青铜钱。

"速宜相就饮一斗"，《玉壶清话》作"蚤来就饮一斗酒"。杜
甫早上想买一斗酒。一摸腰包，刚好还剩300文铜钱，恰好是一斗酒的
价格。

区区一首小诗，并不能反映唐朝所有美酒的价格。李白跟杜甫是同
时代的人，也有诗提到唐朝酒价：

陈王昔时宴平乐，斗酒十千恣欢谑。

主人何为言少钱，径须沽取对君酌。

斗酒十千，那可是10000文，跟杜甫所说的斗酒300文相比，足足贵了几十倍。假使丁谓读的是李白的诗，他大概就会认为唐朝1斗酒卖10000文，1升酒卖1000文。

李白与杜甫，谁说的价格更靠谱呢？应该是杜甫更加写实一些。《新唐书·食货志》有记载，唐德宗建中三年（782年），朝廷酿酒专卖，每斗酒的批发价就是300文，跟杜甫诗中描写的情况一模一样。而李白笔下的"斗酒十千"，可能是艺术夸张，也可能是因为"诗仙"喝的酒特别高档。

我们现在买酒，论瓶，或者论斤，不论升斗。假如论斤购买，1斗酒等于多少斤呢？

这个很容易计算。唐朝容量不是膨胀了吗？1升不是600毫升吗？那么1斗就是6000毫升。酒和水的密度差不多，6000毫升能盛6千克水，基本上也能盛6千克酒。6千克，卖300文，每千克50文而已。

再看宋朝的酒价。

《宋史·食货志》记载：

自春至秋，酿成即鬻，谓之小酒，其价至五钱至三十钱，有二十六等。

腊酿蒸鬻，候夏而出，谓之大酒，自八钱至四十八钱，有二十三等。

春天发酵，秋天压池，当年酿，当年卖，一酿成就发售，不经过陈放，叫作小酒。

腊月发酵，第二年春天压池，到夏天再卖，经过半年的陈放期，叫作大酒。

小酒分成二十六个等级，最低5文，最高30文。

大酒分成二十三个等级，最低8文，最高48文。

乍一听，宋朝最贵的陈酒才卖48文，而唐朝斗酒300文、每千克50文，宋朝的酒实在是太便宜了。其实不然，《宋史·食货志》记载的酒价，不是论斗，也不是论升，而是跟现在一样论斤计价。

最低等级的小酒每斤5文，最高等级的大酒每斤48文，跟唐朝酒价相比，到底是贵还是便宜呢？

这又牵涉到宋朝的衡制。宋朝1斤，实际重量在600克左右，相当于0.6千克。0.6千克卖5文，则每千克8.3文；0.6千克卖48文，则每千克80文。跟唐朝每千克50文比起来，最低档的小酒要便宜得多，最高档的大酒要贵一些。

元朝有一个文人，名叫盛如梓，闲翻唐宋诗文，读到杜甫那句"速宜相就饮一斗，恰有三百青铜钱"，又读到王安石的一首诗："百钱可得酒斗许，虽非社日常闻鼓。吴儿踏歌女起舞，但道快乐无所苦。"他感慨地说："元丰酒价比天宝仅三之一，其乐何如！"王安石100文买1斗酒，杜甫300文买1斗酒，宋朝元丰年间的酒价只相当于唐朝天宝年间酒价的三分之一，宋朝人真是有福啊！

盛如梓的结论过于武断，他没有细查《宋史·食货志》和《新唐书·食货志》里面的酒价，不知道宋朝的高档酒要贵过唐朝的普通酒。

不过总的来说，宋朝的经济水平、粮食产量和造酒工艺都远远超过唐朝，宋朝老百姓的生活水准普遍比唐朝要高，假如是同等质量的酒，在宋朝应该比在唐朝卖得便宜。

假如让宋朝人和唐朝人拼酒，谁赢

比完了唐宋两朝的酒价，再比比唐宋两朝诗人的酒量。

李白好酒，斗酒诗百篇；杜甫应该也好酒，否则不会在诗里写。他们两个的酒量应该都不小，都能喝完一整斗。但是，他们的酒量在唐朝绝对不算最大。

杜甫《饮中八仙歌》描写了唐朝八个人的酒量：

知章骑马似乘船，眼花落井水底眠。

汝阳三斗始朝天，道逢麴车口流涎，恨不移封向酒泉。

左相日兴费万钱，饮如长鲸吸百川，衔杯乐圣称世贤。

宗之潇洒美少年，举觞白眼望青天，皎如玉树临风前。

苏晋长斋绣佛前，醉中往往爱逃禅。

李白斗酒诗百篇，长安市上酒家眠，天子呼来不上船，自称臣是酒中仙。

张旭三杯草圣传，脱帽露顶王公前，挥毫落纸如云烟。

焦遂五斗方卓然，高谈雄辩惊四筵。

贺知章喝醉了，摇摇晃晃，骑马像坐船。

汝阳王李琎（唐玄宗的侄子）海量，喝了三斗才醉。

张旭量浅，三杯就醉。

焦遂的酒量最惊人，能喝五斗，喝完五斗还不至于烂醉，还能高谈阔论、语出惊人。

唐朝1斗能盛6千克酒，5斗就是30千克。一个大活人竟然能干掉30千克，无论他喝的是黄酒还是啤酒，都称得上超级无敌大酒桶。从常理上推想，杜甫的描写肯定也是艺术夸张，就像李白笔下的"燕山雪花大如席"一样。

比较起来，宋朝人的描写更可信。

苏东坡有一个学生，名叫张耒，字明道。张耒说："平生饮徒大抵止能饮五升，已上未有至斗者。……晁无咎与余酒量正敌，每相遇，两人对饮，辄尽一斗，才微醺耳。"晁无咎又叫晁补之，也是苏东坡的学生。张耒的意思是说，当时爱喝酒的人一般只能喝五升，喝一斗的人很罕见，他跟晁补之的酒量差不多，每次见面喝酒，各自喝完一斗，而且还不至于烂醉。

宋朝升斗容量跟唐朝相仿，1斗也能装6千克酒，张耒与晁补之共饮，每人6千克，堪称海量（图5-24、图5-25）。

图5-24　宋代鎏金葵口酒盏
（该酒盏口径12厘米，高7厘米，现藏四川省博物院）

图5-25　宋代蟠桃形鎏金银酒杯

张耒还说，普通人最多只能喝5升，也就是半斗，也就是3千克。这说明张耒和晁补之的酒量至少是当时普通人的两倍。

现代人喝酒，半斤算不错，一斤算海量，超过一斤算超级海量。张耒和晁补之竟然能喝掉6千克，当时的普通人也能喝3千克，宋朝人为啥这么能喝呢？

原因在于酒的度数。元朝以前，中国只有酿造酒，没有蒸馏酒，唐宋诗词中虽然出现过"白酒"和"烧酒"，但那都是颜色较为清澈的黄酒或者经过炭烧杀菌的黄酒，跟蒸馏酒没有关系。如果我们根据宋朝人写的《酒经》和《酒谱》来酿酒，将宋朝美酒完全复原出来，度数绝对不会超过15度，跟现在的普通黄酒差不多。

杜甫《饮中八仙歌》里那位焦遂，号称"五斗方卓然"，十有八九是夸张，并非真实的酒量。其实宋朝也有一个号称能喝五斗的人，他叫石延年，是北宋大臣，因为太能喝了，人送绰号"石五斗"。

无论什么时候，都有特别能喝的酒神，也都有沾酒就醉的君子。杜甫不是说吗？"张旭三杯草圣传。"喝完三杯酒，就醺醺然，陶陶然，飘飘然，挥毫作书，灵感如喷泉。

白居易的酒量也不大，他的自叙诗写道："未尽一壶酒，已成三独醉。"一壶低度酿造酒没喝完，已经醉了三次。

宋朝大文豪苏东坡的酒量更小："予饮酒终日，不过五合，天下之不能饮无在予下者。"苏东坡哪怕用一整天时间来喝，也喝不完5合酒，天下没有比他酒量更小的人了。宋朝1合才60毫升，5合才300毫升，能装300克，换算成市斤，半斤多一点而已。如果是白酒，半斤还说得过去；宋朝酒的度数最高才十几度，苏东坡只能喝半斤，酒量自然很浅（图5-26）。

图5-26　宋代吉州窑酒碗（现藏江西省博物馆）

苏东坡的弟弟苏辙应该也是量浅的人。苏辙写过《戏作家酿二首》，开头先说酒量："我饮半合耳，晨兴不可无。"早上起来喝酒，只喝半合。半合是30毫升，装酒才30克，大约是一口酒的量。

元帝国，升斗的第二轮膨胀

与北宋政权曾长期对峙的辽国，以及灭掉北宋的金国，其统治者都比较崇拜中原文明，都在一定程度上学习儒家文化、模仿汉家制度，度量衡制都继承北宋，都没有发生大的变动（图5-27，该件铜铸量器于辽宁省义县清河门辽墓出土，现藏辽宁省博物馆。全长27.2厘米，高8.4厘米，器身为两端开口的圆筒，中有隔挡，上半部分容量1047毫升，下半部分容量500毫升）。元朝则不同，其统治者除了部分继承了宋王朝的君主专制并且更进一步加强了独裁以外，其他方面都随心所欲，形成了一套半生不熟并且极端腐朽的统治方式。

图5-27　铜铸量器

首先，元朝皇帝推行了种姓制度，将全国人民分成四等，蒙古人处于最高等级，汉族以外的其他民族处于第二等级，占人口绝大多数的汉族百姓处于第三等级，原先南宋治下的汉族百姓处于最低等级。高等级不与低等级通婚，可以随意侵占低等级的财产和妻女。蒙古人杀死汉人百姓，只需要赔偿一点点"烧埋银"。

其次，为了防止汉人百姓反抗，元朝皇帝将一大批蒙古族官吏撒到经济最富庶的江南地区，让他们担任亲民官，或者担任汉族亲民官的监督人。而这些蒙古族官吏大多不识汉字，甚至不懂汉语。他们愚蠢、狂妄、残忍、贪婪，将所辖人民视为奴隶，反倒激起了人民的反抗意识（图5-28）。

图5-28　元代钧窑酒碗（现藏辽宁省博物馆）

元朝皇帝往往通过一个或者一群代理人来向老百姓征收赋税，这些代理人就像是朝廷的承包商，包下整个国家的工商税和农业税，除了向元朝皇帝上缴足够多的赋税以外，还要为自己聚敛起富可敌国的小金库。而这些代理人为了完成元朝皇帝交代的征税任务，同时也为了增加自己的财富，在铁骑的支持下横征暴敛，用最大的尺度和最大的容器征收布匹、称量谷物。

于是乎，在元朝不到百年的短命统治期间，中国的度量衡再次膨胀。

《元史·食货志》记载了元朝的容量："宋一石，当今七斗。"1石等于10斗，而元朝的7斗相当于宋朝的10斗。也就是说，元朝1斗至少等于宋朝1.4斗。

宋朝1斗大约6000毫升，所以元朝1斗大约8400毫升。宋朝1升大约600毫升，所以元朝1升大约840毫升。跟宋朝比，元朝容量增大了40%。

迄今为止，中国各地尚未有元朝官方颁定的标准量器出土，这很可能说明元朝官府从来没有对容量标准做出过规定。我们应该还能想象得到，《元史》上说元朝1斗等于宋朝1.4斗，那仅仅是某时某地的特例，元朝官府征收赋税时，蒙古族官吏压榨百姓时，应该还用过更大的升斗。

元朝有一位汉族学者，名叫孔齐，著有《至正直记》一书。孔齐说，在他生活的江南地区，秤斗不平，比比皆是，官吏用的升斗、商人用的升斗以及地主豪强用的升斗，彼此都相差巨大，1升可能多出5合，也可能少出5合。1升为10合，1升能多出5合，那等于增大了50%。按宋朝1升600毫升计，则《元史·食货志》里所说的元朝1升为840毫升，假如江南地区某些官吏或者某个地主所用的升斗再比《元史·食货志》里的升斗多出50%，那么1升就膨胀到了1260毫升！

元朝灭亡后，明朝建立。明朝虽是汉人建立的政权，但是明太祖朱元璋却从元朝继承了一些糟粕的部分。

第一，朱元璋继承了元朝君主不受制约的独裁模式。他废除宰相，设立内阁，制定《大诰》，将这份训令式的圣旨凌驾于法律之上，不但不受相权的制约，也不受法律的制约。

第二，朱元璋只在表面上复古，实际上彻底颠覆了汉唐时期尊重儒生的传统，也完全丢弃了宋朝君主与士大夫共天下的传统，法家的规则和儒家的礼制都被他踩在脚底下。他像元朝大多数君主一样，蔑视士大夫，肆无忌惮地杀戮大臣。像这样独裁的君主，最容易把整个国家拖进泥潭。

第三，朱元璋还继承了元朝的度量衡，将元朝膨胀之后的容量和尺度作为标准，用官府颁定的标准度量衡予以承认。

所以，明朝的度量衡属于第二轮膨胀之后的"成果"。

中国国家博物馆藏有一件明朝成化年间的铜斗（图5-29），实际容积9600毫升，与唐宋时期6000毫升为1斗相比，膨胀了将近40%。

图5-29　明代铜斗

该铜斗器身有铭文："成化兵子（丙子）造"，"福寿康宁"。

上海博物馆则藏有一件清朝的木斗（图5-30），实际容积9580毫升，说明清朝又继承了明朝的度量衡。

图5-30　清代黑漆螺钿山水图方斗

该木斗宽11.8厘米，高8.5厘米。

河南省的开封饮食博物馆藏有一件民国时期称量大米的包铁木斛，实测容积50310毫升。宋朝以前，1斛就是1石，1石就是10斗；宋朝以后，1斛变成0.5石，也就是5斗。这件木斛有50310毫升，说明当时1斗有10062毫升，比明清木斗稍微大一点，但基本上没有脱离明清的窠臼。

现代中国称量谷物和酒水，通常使用重量单位。科学家做实验，如果必须称量一种物品的体积或者一种容器的容积，也不会沿用传统的升斗（图5-31，升斗量器彻底失去实用价值，这几只铜斗只是用来招财的风水用品。），而是改用国际通行的升和毫升。

图5-31　铜斗

现在我们说1升，指的是国际单位制的1升，也就是1000毫升。

1928年7月18日，南京国民政府公布《中华民国权度标准方案》，将传统度量衡定为"市制"，将国际度量衡定为"公制"。这套标准方案规定：1市尺等于三分之一米，即33.33厘米；1市斤等于0.5千克，即500克；1市升等于1公升，即1000毫升。

这套方案使得中国传统度量衡能与国际度量衡一一对应，并且保证传统度量衡可以在民间继续使用，无须进行大的改动。为什么？因为传统度量衡几经膨胀之后，在明清时期就已经定型了。从明清到民国，1尺始终在32厘米左右，接近1米的三分之一；1斤始终在600克左右，接近千克的二分之一；1升始终在1000毫升左右，刚好接近1公升。

现在我们可以做出如下总结。从秦汉到民国，两千年的中国度量衡发展整体上呈现出膨胀的趋势，其中有两轮膨胀最为明显：第一轮膨胀发生在南北朝时期的北朝，由隋唐继承并传承到宋朝；第二轮膨胀发生在元朝，由明朝继承并传承至今。

一石是一百二十斤吗

现代人读历史，往往将1石当成120斤。

确实，1石曾经是120斤（图5-32）。

图5-32　春秋战国时期的越国衡器

该衡器其上铭文为"禾石（读shí）"，标重120斤，应当是为谷物称重的大型砝码。

但这里的石，并非容量单位，而是重量单位。作重量单位讲时，它读shí，而不读dàn。

《汉书·律历志》有载："四钧为石……重百二十斤。"1石为4钧，总重120斤。

钧是"千钧一发"的钧，1钧为30斤。石、钧，都是重量单位，汉朝乃至汉朝以前最常用的大型重量单位。

但是在汉朝以后的文献里，石几乎总是容量单位，几乎都应该读成dàn。

东晋皇帝司马曜颁布人头税征收标准："王公以下，口税三斛。……又增税米，口五石。"从普通百姓到王公贵族，每人每年缴粮3斛，后来又增加到每人每年缴粮5石。宋朝以前，斛就是石，石就是斛，斛是容量单位，石当然也是。

北魏皇帝拓跋宏颁布农业税征收标准："一夫一妇，帛一匹，粟一石二升。"每个家庭每年缴纳1匹布，以及1石2升粟米。升是容量单位，石与升放在一起，如果当成重量，肯定说不过去。这里的石，分明是容量，1石为100升，1石2升即是102升。

唐高祖李渊规定："每丁租二石，绢二匹，绵三两，自兹之外，不得横有调敛。"每个成年男子每年上缴国家粮食2石、丝绸2匹、丝绵3两。这里的石，也是容量，因为唐高祖在同一个诏令里还说："京畿田，亩税五升。"京城郊区的农田，每亩每年缴纳5升公粮。可见当时计算公粮，是用容量单位来算的。

南宋中叶，江西官府收取青苗税："每石加征二斗八升二合。"斗、升、合，均为容量，石岂能独为重量？

如图5-33、图5-34所示，这是一套日据时期经"台湾总督府"审定的木制方形量器。该套量器标注容量分别为1升、5合、2.5合、1合。

图5-33　日据时期经过"台湾总督府"审定的一套木制方形量器

图5-34　日据时期"台湾总督府"颁定的量器（标注容量为1合）

总而言之，汉朝以后，历代正史记载赋税，所说的石都是容量。

既然是容量，那就不能说1石就是120斤。因为斤是重量，不能与容量互相换算，就像我们不能说1升就是1千克、1千克就是1厘米一样。

不过，我们可以说某个朝代1石大米是多少斤、1石黄酒是多少斤，这个还是可以算出来的。

历朝历代的容量都不太相同，有的暴涨，有的微涨，所以不同朝代的1石大米不可能一样重。

从古至今，大米的密度变化不大，1升大米重约0.8千克。秦汉1石在

20升上下，所以秦汉1石大米约有16千克；唐宋1石在60升上下，所以唐宋1石大米约有48千克；明清1石在100升左右，所以明清1石大米约有80千克。

1千克等于2市斤，粗略估计，秦汉1石大米超过30斤，唐宋1石大米将近100市斤，明清1石大米约重160市斤。

你看，当石作容量讲时，任何一个朝代的1石大米都不是120斤。

从明清到民国，石的容量始终在100升左右，为了换算方便，民国政府在1928年的权度法案中专门规定，1石大米的标准重量是80千克。1942年9月8日，避居抗战大后方云南昆明的作家沈从文给大哥沈云麓写信谈到昆明物价："米卖500元一石，约80公斤，猪油30元一斤，白糖30多元一斤，炭1.8元一斤……"沈从文说大米1石约80公斤（千克），说的就是当时1石大米的标准重量——只要米店老板用的量器合乎标准，那么1石大米就应该是80千克。如图5-35所示，这是一个清代的台湾地区官定木斗。

图5-35　清代台湾官定木斗（标注容量为"五升"，即半斗，现藏台湾历史博物馆）

第六章

从斤两到千克

天平在先，杆秤在后

我们知道，度量衡是测量的工具。

那什么是测量呢？

用最简单的话讲，就是用已知量去比较未知量的过程。

远古时代，人类还没有发明度量衡，习惯用身体或者眼前现有的物体来测量。比如说，用手脚度量较短的东西，用步幅量较长的距离，用口含称量液体的多少，用手捧称量谷物的重量，用日升月落的次数来计算时间，用恒星出现的位置来计算更长的时间。

但是，人的手掌有大有小，个头有高有低，眼前现有的物体也在不断变化，无论是身体，还是自然的物体，都不可能进行公平、公正的测量。

然后呢？度量衡就产生了。我们有了尺子，有了升斗，有了钟表，也有了天平（图6-1）。尺子量度长短，升斗量度体积，钟表量度时间，天平量度重量。

图6-1　19世纪中叶美国马萨诸塞州的合金天平
（现藏美国波士顿科学博物馆）

在这些度量工具当中，钟表肯定是出现最晚的，天平却可能是出现最早的（图6-2）。

图6-2　中世纪末期法国的黄铜天平（现藏法国工艺与科技博物馆）

至少在公元前2500年左右，古埃及就有了天平。英国伦敦科学博物馆藏有一件保存相对完好的青铜杆，那就是公元前2500年左右的古埃及天平上的衡杆（图6-3）。

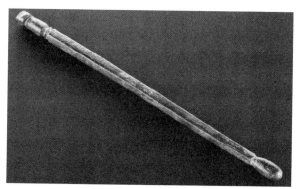

图6-3　公元前2500年左右，古埃及天平的青铜衡杆
（现藏英国伦敦科学博物馆）

再往前追溯，至少在公元前3000年左右，两河流域的美索不达米亚平原，也就是现在中东地区的伊拉克一带，那里的先民们就在用沥青制作砝码（图6-4）。砝码是天平的零件，砝码出现了，天平当然也出现了。

图6-4　公元前3000年左右，美索不达米亚文明的砝码

该砝码用沥青制成，高5.51厘米，宽3.81厘米，现藏英国伦敦巴拉卡特美术博物馆。

美索不达米亚平原是迄今为止人类发现的起源最早也最为成熟的文明中心，至少从公元前6000年起，这里就生活着一群被后世称为"苏美尔人"的先民。苏美尔人发明了全世界最早的文字、最早的数学、最早的农业、最早的历法、最早的车轮、最早的啤酒、最早的陶器、最早的青铜器，以及最早的度量衡。通过图6-5～图6-7，我们可以看到苏美尔人所取得的不朽成就。

在制作于大约4500年前的这块泥雕上，两河流域的苏美人用拟人的方式勾画出了他们的天文和历法：太阳神高高在上，十二星辰俯首听命。

图6-5 苏美尔人制作的泥雕

度量衡简史：世界的尺度

图6-6 压印着苏美尔楔形文字的一块泥版

图6-7 苏美尔人制作的青铜牛头

这块泥版高15.2厘米，宽13.4厘米，现藏英国伦敦巴拉卡特美术馆。这块泥版制作于公元前2035年，上面的文字是在记录美索不达米亚平原上某个地区的大麦产量，分别用"古尔""筒仓""西拉"等单位来计量。

这只青铜牛头是两河流域的苏美尔人在大约3000年前铸造的，用来装饰他们的竖琴。

苏美尔人既务农，也经商，他们的船队航行在东北非和地中海沿岸，对古埃及和古希腊的文化都产生了深远影响。我们有理由相信，古埃及和古希腊之所以会用天平给物品称重，之所以会烧造陶器和铸造青铜器，应该是对苏美尔人的模仿，或者受到了苏美尔人的启发（图6-8～图6-14）。

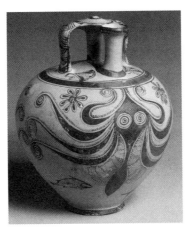

图6-8　希腊迈锡尼文明烧制的精美陶罐（现藏美国纽约大都会艺术博物馆）

图6-9　青铜托盘和几只砝码

图6-10　铜镜

图6-11　壁画

图6-12　古埃及壁画

图6-13　古埃及的牛头形砝码

图6-14　古埃及的羚羊形砝码

　　图6-9这套砝码是从古希腊青铜时代迈锡尼文明的一个竖井墓中发掘出，原件铸造于3000多年前，此为复制品。

　　图6-10的铜镜是由美国辛辛那提大学的研究人员在希腊半岛东部一座古墓里发现，铸造于3500年前。

　　图6-12的壁画绘制于公元前14世纪，一个古埃及人正在用天平为首饰称重，天平左侧托盘里是几枚金戒指，右侧托盘里是一只动

物造型的砝码。

古埃及天神用天平为人心称重，据说心脏的重量代表灵魂的重量。

该牛头形砝码制作于公元前1400年左右，高5.5厘米，长4.3厘米，重181.4克。

该羚羊形砝码制作于公元前1400年左右，高5.7厘米，长7.1厘米，重261.8克。

那么中国呢？

根据汉代儒生的描述，华夏部落首领黄帝在位时，就制定了度量衡，发明了尺、斗、秤和天平。但是这种描述没有考古实物作为支撑，更像是传说，不太像历史。

事实上，即使黄帝真的制定了度量衡，我们中华民族也不会是第一个发明天平的族群。从文献记载来推算，如果黄帝真实存在过的话，他应该生活在公元前2700年到公元前2600年之间。可是前面说过，早在公元前3000年左右，生活在两河流域的苏美尔人就在使用天平和制作砝码了。

如果抛开历史传说和文献记载，非要用考古实物作为依据，那么中国的天平应该出现在公元前770年到公元前221年的春秋战国时期。

中国国家博物馆藏有两件战国时期的青铜器，都是战国时期楚国天平的衡杆（图6-15）。

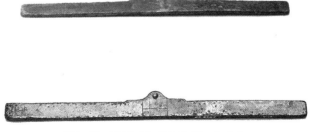

图6-15 战国时期楚国衡器：铜衡杆

该铜衡杆出土于安徽寿县，现藏中国国家博物馆，上件长23.1厘米，下件长23.15厘米，衡杆长度均相当于当时的1尺。

湖南省博物馆藏有一套战国时期的圆环形铜砝码，总共10件；湖北省大冶市博物馆藏有另一套战国时期的圆环形铜砝码（图6-16），总共13件。这两套砝码更为春秋战国时期的中国已有天平提供了有力的佐证。

图6-16　战国时期楚国的一套圆环形铜砝码

该套圆环形铜砝码现藏湖北省大冶市博物馆，共13件，最大的1件重3440克，最小的1件重11克。

春秋战国以前的中国有没有天平？不好说。理论上推测，我们中国使用天平的时间应该更早一些。迄今出土的春秋战国时期楚国天平衡杆形状规整，粗细均匀，其长度刚好是当时的1尺；那两套圆环形铜砝码也铸造得均匀、美观，同一套砝码的内部重量存在着明显的倍数关系。这说明什么？说明天平的使用在春秋战国时代已经发展得很成熟了，而成熟一定是长期演化和不断迭代的结果。只不过，我们缺少考古证据，拿不出实物来证明春秋以前就有天平，更无法证明西周、商朝、夏朝乃至传说中的黄帝时代就有了天平。

比天平发明稍晚的称重工具是杆秤，中国的杆秤很可能比欧洲要早。

中国国家博物馆藏有一件春秋时期晋国的铜权（图6-17）。权，俗称"秤砣"，它跟砝码不一样。砝码放在天平的托盘里，不需要悬挂，所以顶端没有钮；秤砣悬挂在秤杆的一端，必须有钮。国家博物馆所藏的这件晋国铜权呈半圆球状，顶端有钮，与杆秤配套使用。

图6-17　春秋时晋国衡器：铜权

该铜权现藏中国国家博物馆，高15厘米，底径19.5厘米，实重30350克。平底，铜钮有残缺。

甘肃省博物馆藏有一件秦朝铜权，它是秦始皇统一度量衡之后铸造出来的（图6-18），比国家博物馆收藏的晋国铜权更加完整，更加接近后世的秤砣。

该铜权1967年出土于甘肃秦安垅城西汉墓，现藏甘肃省博物馆。高7厘米，底径5.2厘米，重250.4克，为秦1斤权。棱间刻秦始皇二十六年（公元前221年）诏书7行和秦二世元年（公元前209年）诏书9行。其中始皇诏书内容为："廿六年，皇帝尽并兼天下诸侯，黔首大安，立号为皇帝，乃诏丞相状、绾：法度量则不壹歉疑者，皆明壹之。"

图6-18　秦代衡器：铜权

　　河北省博物馆则藏有一件西汉时期的大型铁权（图6-19），顶端的钮已经残缺，但从器形上看，一定是秤砣。这只大秤砣上还刻着清晰的铭文："三钧。"1钧为30斤，3钧就是90斤。重达90斤的秤砣，应该是用来给大型物品称重的。推测看来，这只秤砣当初必定还配有一杆超大号的杆秤，称重的时候必须多人合作，或者将秤杆悬吊在坚固的支架上。

图6-19　西汉衡器：铁权

该铁权1968年出土于河北满城汉墓，现藏河北博物院。高19厘米，底径17.5厘米，重22490克。上部铸有"三钧"二字。汉制1钧等于 30斤，3钧为 90斤，此权实重22490克，可以推算出当时1斤约为250克。

截至目前，我国已有战国、秦朝、西汉时期的秤砣出土，说明杆秤的出现应该不晚于战国。战国距今两千多年，说明杆秤在中国至少已有两千多年的使用历史。或者也可以进一步推论，杆秤在中国的使用并不比天平晚多少。

欧洲的杆秤出现得要稍晚一些。英国伦敦科学博物馆藏有一杆年代久远的铜秤（图6-20）和一只青铜秤钩（图6-21）。前者是公元5世纪左右东罗马帝国的称重工具；后者也属于罗马文化，但尚未查清具体年代，不知道是属于古罗马，还是属于被异族入侵后的后罗马时代。

图6-20　公元5世纪左右，东罗马帝国的一杆铜秤（现藏英国伦敦科学博物馆）

图6-21　古罗马时代的一只青铜秤钩（具体年代尚待考证，现藏英国伦敦科学博物馆）

美国纽约大都会艺术博物馆也藏有一件东罗马帝国时期的铁制杆秤（图6-22），制作时间距今大约1300多年到1500多年，形制与英国伦敦科学博物馆所藏的那件铜秤相近。

图6-22　东罗马帝国一件保存完好的杆秤（制作于公元5-7世纪，现藏美国纽约大都会艺术博物馆）

发明杆秤，比发明天平要难。

天平应用的是经典物理学上最简单的等臂杠杆原理，只需要一根木头、两个托盘和一堆砝码就行了。只要木头均匀、托盘等重，就很容易校准，随便找一根绳子将空空的天平悬挂起来，当衡杆与地面平行的时候，这只天平可以用来称重了。

杆秤应用的是不等臂杠杆原理，秤钩放在哪个位置，秤绳放在哪个位置，秤盘需要多重，秤砣（图6-23）需要多重，秤杆上要怎么划分刻度和标注重量，都需要进行复杂计算和反复测验。

幸运的是，古代中国人恰好在实用计算和手工制作上极有天分，所以很早就将杆秤制作得相当精美，运用得非常纯熟。

图6-23 公元5世纪左右，东罗马帝国的雅典娜神像秤砣
（高20.3厘米，宽10厘米，厚7.9厘米，重4345克）

根据文献记载和诗词里的描写，早在隋唐时期，中国的商人买卖食盐，农民称量草料，就在使用杆秤，而不是使用天平。

北宋初年，一个名叫刘承珪的大臣又发明了更加小巧、精细的杆秤，名为"戥秤"。北宋初年发明的戥秤一直沿用到新中国成立前期，图6-24中为清朝光绪年间用象牙制作的一件戥秤。这种小型杆秤制作精巧、刻度精准，可以标注出极其细微的重量单位，例如1两的千分之一，也就是1厘（图6-25）。

图6-24 象牙制戥秤

图6-25　19世纪晚期日本京都某药店用来称量药材的戥秤（西安马诗余先生藏品）

　　而在欧洲，无论是大型货物的称量，还是比较精细的药物和贵金属的称量，都必须使用天平（图6-26～图6-28）。东罗马帝国时期曾经使用的杆秤既笨重又不精准，此后千年内都没有在西方世界得到广泛应用。

图6-26　17世纪苏格兰农民使用的简易天平

　　该简易天平的衡杆用木头制成，托盘应为铁制，已腐朽或丢失，现藏引英国伦敦科学博物馆。

图6-27　18世纪晚期，英国曼彻斯特某仪器厂批量生产的
金属天平（现藏英国伦敦科学博物馆）

图6-28　18世纪中叶，英国药剂师用来称量药物的小天平

　　该小天平为钢铁衡杆，黄铜托盘，配有9枚黄铜砝码，现藏英国伦敦
科学博物馆。

一斤为何是十六两

　　中国有一个成语：半斤八两。

半斤是8两，那1斤自然是16两。

可是，中国绝大部分地区的1市斤，对应的却是10两，并非16两。只有台湾地区保留了半斤八两的老传统。

传统中国1斤为何是16两呢？我们可以听听汉朝儒生的解释。

《汉书·律历志上》记载：

五权之制，以义立之，以物钧之。……铢者，物繇忽微始，至于成著，可殊异也。两者，两黄钟律之重也。二十四铢而成两者，二十四气之象也。斤者，明也，三百八十四铢，《易》二篇之爻，阴阳变动之象也。十六两成斤者，四时乘四方之象也。钧者，均也，阳施其气，阴化其物，皆得其成就平均也。权与物均，重万一千五百二十铢，当万物之象也。四百八十两者，六旬行八节之象也。三十斤成钧者，一月之象也。石者，大也，权之大者也。始于铢，两于两，明于斤，均于钧，终于石，物终石大也。四钧为石者，四时之象也。重百二十斤者，十二月之象也。终于十二辰而复于子，黄钟之象也。千九百二十两者，阴阳之数也。三百八十四爻，五行之象也。四万六千八十铢者，万一千五百二十物历四时之象也。

汉朝以前，中国已经形成五种重量单位，分别为铢、两、斤、钧、石。

这五种单位的换算关系如下：

1石=4钧

1钧=30斤

1斤=16两

1两=24铢

汉代儒生强行将以上重量单位及其换算关系扯到他们心目中的仁义道德和自然规律上去。他们认为：

人类社会有五种道德：仁、义、礼、智、信。所以形成了五种重量单位：铢、两、斤、钧、石。

一年有二十四节气，所以1两等于24铢。

每年有春、夏、秋、冬四个季节，各地又有东、南、西、北四个方向，四四一十六，所以1斤等于16两。

每月有三十天（原始历法不分大小月），所以1钧等于30斤。

每年有四季，所以1石等于4钧。

1石为4钧，1钧为30斤，所以1石等于120斤。1石为何等于120斤？因为一年有十二个月，一昼夜有十二个时辰。

1石为120斤，1斤为16两，所以1石等于1920两。1石为何等于1920两？因为阴阳之数总共有1920个。

1石为1920两，1两为24铢，所以1石等于46080铢。1石为何等于46080铢？因为世界上总共有11520种物质，这11520种物质再乘以一年四季，恰好是46080种。

汉代儒生的解释基本上都是无稽之谈。

每年有四季，各地有四方，那么1钧为何不等于4斤，却非要等于30斤呢？1斤为何不等于4两，却非要等于16两呢？

每年有十二个月，每昼夜有十二个时辰，那么1石为何不等于12斤，却非要等于120斤呢？

1石等于1920两，竟然是因为阴阳之数总共1920个，请问这1920个阴阳之数到底是怎么得来的？

1石等于46080铢，竟然是世界上的11520种物质再乘以四季得来的，请问这11520种物质分别都是什么？谁做过调查统计？

事实上，无论哪种度量衡、哪种换算关系，最初都是在生产和生活当中自然形成的。形成之时，不同度量之间并没有特定的换算关系，是纷繁复杂的生产和交换逼着人们去寻找大家都能认可的换算关系。而这些换算关系往往并不是十进制，只有等到人类文明发展到一定程度，为了计算和统计的方便，那些不符合十进制的度量单位才会被慢慢淘汰掉。

关于1斤等于16两，还有一个传说：春秋末年，著名谋臣范蠡帮助越王勾践称霸以后，弃官经商，他为了规范贸易，发明了杆秤。在秤杆上，范蠡先是刻出了北斗七星和南斗六星，然后又增加了福、禄、寿三星。北斗7颗，南斗6颗，福、禄、寿又3颗，加起来刚好16颗，每颗星代表1两，16两合为1斤（图6-29）。

图6-29　秤杆、秤砣以及秤杆上的秤星

范蠡为什么要在秤杆上刻画这16颗星呢？据说有很深的寓意：南斗六星掌管出生，北斗七星掌管死亡，福、禄、寿三星主管运气、收入和寿命。商贩给顾客称量货物，如果缺斤短两，就会缺福、缺禄、缺寿，甚至会被北斗七星带走生命。

我们不知道这个传说形成于何年何月，但它就跟汉代儒生在《汉书·律历志》里的解释一样，生搬硬套，胡搅蛮缠。范蠡活着的时候，中国还没有出现杆秤，只有天平，而天平的衡杆上根本不需要刻画标记。

此外还有很多传说，例如说1斤等于16两是秦始皇规定的——秦始皇灭掉六国，号令九州，六国加九州是15，再加上原先的秦国，正好是16，所以秦始皇规定1斤等于16两。又有人说1斤16两出自秦始皇的大臣李斯之手——秦始皇让李斯制定度量衡，李斯不知道把1斤定为多少两才合适，瞧见秦始皇手诏里有"天下公平"四个字，数了数这四个字的笔画，总共16笔，于是灵机一动，将1斤定为16两。

事实上，1斤16两至少在商鞅变法期间就是约定俗成的老传统，根本用不着秦始皇去数九州六国，更用不着李斯灵机一动去数笔画。

推根溯源，1两之所以是24铢，1斤之所以是16两，1钧之所以是30斤，1石之所以是4钧，其实都是由天平决定的（图6-30）。

度量衡简史：世界的尺度

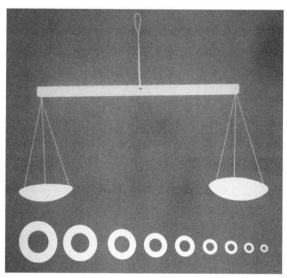

图6-30　先秦时期的等臂天平与环形砝码（示意图）

先秦时代的中国没有杆秤，只有天平。用天平称量物品，只能一个一个地累加砝码。而砝码与砝码之间要么是等重的，要么是倍数关系。等重的砝码和倍数关系的砝码不停地累加，自然就形成了倍数关系的重量单位。你看，两和铢之间，斤和两之间，钧和斤之间，钧和石之间，统统都是倍数关系。图6-31所示为一套战国时期楚国的衡器——铜环权。

图6-31　战国时楚国衡器：铜环权

该铜环权出土于湖南长沙，现藏湖南省博物馆，共10件，是目前出土楚国天平砝码中最完整的一套。大号环权重1镒，其余九枚共重1镒。二号环权上刻有"均益"二字。均同"钧"，益同"镒"，为当时黄金计量单位。"钧益"之意是平准分割黄金一镒。在"钧益"衡制中，1镒相当于西汉16两。10枚铜权重量以倍数递增，由小而大分别为1铢、2铢、3铢、6铢、12铢、1两、2两、4两、8两、16两（1斤）。

打个比方，如果将1两定为一架天平可以称量的基本单位，那么这架天平的最小砝码就肯定是1两重。平常称量物品，需要一套砝码，这套砝码只有打造成倍数关系，例如1两、2两、4两、8两、16两、32两、64两……那才是最实用、最节省的。所以呢，人们就将8两的砝码定为半斤，将16两的砝码定为1斤，将32两的砝码定为2斤，将64两的砝码定为4斤。

当然，实际命名的时候，完全可以将2两、4两、8两或者32两定为1斤，古人将16两定为1斤，确实有偶然的成分。但有一条是必然的：不管将多少两定为1斤，最后都一定是2或者4的倍数，用天平称重的古人绝对不可能将3两、5两、7两、11两、15两定为1斤，因为无论哪一套砝码，都不会打造成这样的重量——那将需要打造更多的砝码，太浪费了。

图6-32所示为一套清代银号里常用的天平及砝码。

图6-32　清代银号里常用的天平，底下抽屉中放有一套砝码
（现藏山东中医药文化博物馆）

有意思的是，古代中国的重量单位之间是倍数关系，近代欧美的重量单位之间竟然也是倍数关系。

英国改用公制单位之前，重量单位包括打兰（Dram）、盎司（Ounce）、磅（Pound）、英石（Stone）、夸脱（Quarter）、英担（Hundredweight）、长吨（Long ton）。其中1磅等于16盎司，1盎司等于16打兰，与传统中国1斤等于16两一模一样（图6-33）。

至于长吨、英担、夸脱、英石，则跟中国秦汉时期的石、钧、斤一样，都是按照2的倍数进行换算。

图6-33　英国布拉德福市计量局收藏的一枚瓷质砝码
（标重7磅，生产于1965年）

中国1石等于4钧（2的2倍），1钧等于30斤（2的15倍）。英国1长吨则等于20英担（2的10倍），1英担等于4夸脱（2的2倍），1夸特等于2英石（2的1倍），1英石等于14磅（2的7倍）。

中英两国传统重量的进位关系为什么都是2的倍数？因为两国历史最悠久的称重工具都是天平，人们为天平打造砝码，都必须按照倍数关系打造（图6-34）。

图6-34　1852年美国海岸与大地测量局在法国人指导下铸造的一套标准砝码

图6-34的砝码中最重的1枚为500克，最轻的1枚为1克，总重量1000克，从小到大按倍数递增。

中国自从秦汉以后，杆秤就日渐流行起来。杠杆原理可以让重量按照平滑的进位增长，于是重量单位之间的换算关系就形成了比较简便的十进位，铢、钧、石逐渐被淘汰，被毫、厘、分、钱、两、斤取而代之。唐、宋、元、明、清历朝，除了遵循传统习惯，1斤仍然等于16两以外，新的重量单位都成了十进位，例如1两等于10钱，1钱等于10分，1分等于10厘，1厘等于10毫。

1928年，当时的民国政府通过法令，让传统斤两与千克接轨，规定1市斤等于0.5千克，但仍让1市斤等于16两。后来国民党当局撤退至台湾，继续执行1928年的法令，所以直到今天，台湾地区的1斤还是16两。

内地这边则进行了相对彻底的改革。1954年9月11日，中华人民共和国中央人民政府公布《度量衡暂行办法》，为了换算上的方便，将1斤定为10两。所以在今天，内地仍是将1斤定为10两。

我们可以这样总结：台湾地区设定1斤为16两，是延续了天平时代的老传统；内地设定1斤为10两，则是杆秤时代的新发明。

有必要说明的是，现在的台湾地区也没有完全遵循1928年颁布的《中华民国权度标准方案》。根据权度方案的规定，即1斤应为500克，1两应为31.25克（16两为1斤）。台湾则沿用明清时期乃至民国初年的传统，将1斤定为600克，将1两定为37.5克。

现在内地的标准是1斤为500克，1两为50克。很明显，内地的斤比台湾的斤小些，但是内地的两却比台湾的两大一些。内地游客在台湾买水果，如果论斤称，会觉得台湾商贩给得多；如果论两称，那就该觉得台湾遍地都是奸商了。

司马斤，司马两

海峡两岸使用的斤两不一样，内地与香港使用的斤两也不一样。

内地游客在台湾买东西，只需要区分市制和"台制"。市制1斤为500克，1两为50克；"台制"1斤为600克，1两为37.5克。市制与"台制"的换算并不复杂：1"台斤"等于1.2市斤，1"台两"等于0.75市两。

内地游客到了香港，会有机会碰到比"台斤""台两"复杂得多的重量单位，那就是"司马斤"和"司马两"（图6-35）。

 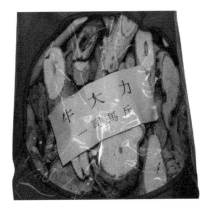

图6-35　香港药店里待售的中药

1"台斤"等于16"台两"，1司马斤也等于16司马两。但是，司马斤并不像"台斤"那样精确等于600克，而是经常变来变去，在不同的行业和不同的店铺竟然有不同的换算标准。香港的司马斤，有时候超过600克，有时候不到600克，有时候竟又等于600克。

比如说在香港金店买首饰，有的店员会告诉你，1司马两等于37.5克，1司马斤等于600克；有的店员则会说，1司马两等于37.429克（图6-36），1司马斤等于598.864克。

2018年12月04日更新	
黄金	白金
金店卖出价	
311.74 人民币/克	**222.81** 人民币/克
13320 港币/司马两	9520 港币/司马两
355.88 港币/克	254.36 港币/克
金店买入价	
275.93 人民币/克	163.12 人民币/克
11790 港币/司马两	6970 港币/司马两
315.00 港币/克	186.22 港币/克

图6-36　香港某金店为内地游客打印的价格单

　　按照图6-36中这份单据推算，该金店是将1司马两作为37.429克来计价的。

　　再比如说在香港菜市场买水果和海鲜，假如商贩按照英制单位里的"磅"和"安士"（内地通译为"盎司"）来标价，那没问题，1磅是16安士，英制1安士是28.3495231克，通常按照28.35克的近似值来计算就没问题了。假如商贩是用司马斤或者司马两来计价，那这斤两可能就要比你在金店买首饰时遇到的斤两稍微大那么一点点：1司马斤会等于604.8克，1司马两会等于37.8克（图6-37）。

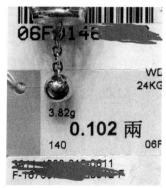

图6-37　香港另一家金店的首饰重量标签（该店将1司马两等于37.45克来计算）

当然也有另外的可能，商贩按照金店里的斤两来称重，让1司马斤等于600克或者低于600克。

极端情况下，你还有可能碰到自己都搞不清斤两关系的香港人，误以为香港的斤跟内地的斤一样，1司马斤等于1市斤，鉴于1市斤是500克，所以他会认为1司马斤也是500克。

更极端的情况下，你也有可能碰到一个奸商，告诉你1司马斤是16两，共重500克，所以1两只有31.25克。

1两有没有可能等于31.25克呢？

有。在台湾地区的金门和马祖，1斤等于内地1市斤，但这1斤却是16两，所以金门和马祖的1两只有31.25克。

金门、马祖两地将1斤视为16两，那是继承了古代中国的老传统。但为何不像台湾岛内那样将1斤定为600克，而是定为500克呢？因为早在1930年，金门、马祖两地根据当时新颁布的《中华民国度量衡法》进行度量衡改革，将1斤与公制单位的0.5千克相挂钩，后来没有再改，一直沿用至今。

香港与台湾的金门、马祖及台湾其他各地都不一样，它直到1997年才回归，中间没有受到民国时代改革度量衡的影响，只受到了清朝和英国的影响。

图6-38所示为清康熙十八年江苏布政司颁定的一套铜砝码。

图6-38　康熙十八年（1679年）江苏布政司颁定的一套铜砝码

该套铜砝码从1钱到4两不等，全套20枚，标注总重量10两，实重366克，由此推知当时1两约37克。

清朝政府为了改革海关和规范税收，推行过两套特殊的重量单位，一套称为"关平制"，一套称为"库平制"。关平制和库平制都是16两为1斤，但关平1两是37.7495克，库平1两是37.3克（清末又改成37.301克）。当这两套制度推行到香港地区，香港人无所适从，于是又搞出一套比关平小、比库平大的新单位：司马制。所谓司马，就是官府的代称。

最初，1司马两在37.4克上下波动，后来为了能跟英制单位里的金衡盎司和常衡盎司挂钩，香港人又搞出两种司马两：一种司马两跟英国金衡盎司挂钩，用来称量贵重金属，1两为37.429克；另一种司马两与英国常衡盎司挂钩，用来称量普通货物，1两为37.799克。

司马两有两种，司马斤当然也一分为二：将金衡司马两37.429乘以16，得到的司马斤仅仅是598克多一点；将常衡司马两37.799克乘以16，得到的司马斤却是604克多一点。

所以，我们在香港金店买首饰，在菜市场买水果，遇到的虽然都是司马斤和司马两，实际重量却不一样。

其实不仅在香港，澳门同样也有两套司马斤和司马两（图6-39）。

澳门街市	本次	本次	上次	物价变动百分比
	2018年9月18日	2018年9月18日	2018年9月11日	
	平均价格（澳门元/司马斤）	平均价格（澳门元/公斤）	平均价格（澳门元/公斤）	
排骨	59.4	98.2	98.2	0.0%
瘦肉	47.7	78.8	78.8	0.0%
猪腩	41.5	68.6	68.4	0.3%

图6-39 澳门超市的价格表

度量衡简史：世界的尺度

为了给境外游客提供方便，该价格表中既有公斤标价，也有司马斤标价。

出了港澳地区，再往东南进发，到了越南、泰国、新加坡、马来西亚，同样会碰到斤两，这些国家的斤与港澳地区的常衡司马斤几乎完全相同，每斤都是604克多一点。

前述几个东南亚国家至今仍在使用"斤"这个来自古代中国的重量单位（越南语的"斤"甚至与汉语读音相似），是因为古代中国的文化影响力过于巨大，再加上这些国家都有大批华人迁来定居，所以把斤这个重量单位也带了过去。

而这些国家的斤之所以又跟香港常衡司马斤相差无几，那很可能是因为香港经济腾飞较早，开放程度又很高，这些国家频繁与香港进行贸易往来的缘故。

杆秤的混乱

生物学上有一个词叫"生殖隔离"，指的是同一物种的后代受到客观因素的制约，在不同的地理环境下繁衍进化，彼此之间不能继续进行基因交流，经过很多代繁衍以后，基因差异会越来越大，最后形成不同的物种。

内地、台湾、香港使用的不同斤两就是在类似于生殖隔离的环境下形成的。只不过隔离它们的主要不是地理环境，而是政治制度和经济因素。

内地的市斤、台湾的"台斤"、香港的司马斤，原本同根同源，都源自古代中国的斤。后来呢？内地在1928年度量衡改革的基础上，进化出500克为1斤、1斤为10两的市制；台湾地区也继承了1928年的度量衡改革，但没有继续进化，保留了南京国民政府奠定时期600克为1斤、1斤为16

两的早期传统；那么，香港呢？没有经历过民国政府的统治，直接从晚清封建统治跨越至英国统治，晚清度量衡基因与英制度量衡基因一结合，孕育出了现在看起来非常混乱的诸如司马斤、司马两的计量单位。

　　度量衡的统一过程会是一个相当复杂的过程，不仅需要政权的统一，更需要市场的统一。如果市场不统一，条块分割，行业垄断，即使在统一政权的领导下，度量衡也无法得到统一。

　　以古代中国为例，虽然在商鞅变法时期、秦始皇统一全中国时期、王莽建立新朝时期，都尝试统一度量衡，但是都没有达成预期的目标。此后的唐朝、宋朝、明朝、清朝，都制定过度量衡标准器，都想对市场进行严格管理，也都没有完成任务（如图6-40所示，这是一幅唐代画家的画作，画中的秤应是当时的一种度量器）。甚至到了民国时期，北洋政府颁布《权度法》，南京国民政府也制定过成套的度量衡标准器，民间对于度量衡的使用依然我行我素，在不同的地区和不同的行业沿用着不同的标准。

度量衡简史：世界的尺度

图6-40　《星宿执秤图》（唐代画家梁令瓒《五星二十八宿神形图》
之一，现藏日本大阪市立美术馆）

我们在文学作品当中可以读到统一政权下的度量衡混乱现象。

《金瓶梅词话》第六回，王婆把潘金莲和西门庆安排在自家房里幽会，自己上街买菜："且说婆子提着个篮子，拿着一条十八两秤，走到街上，打酒买肉。"什么是"十八两秤"？就是说1斤本该是16两，可是用这杆秤去称，1斤是18两，比标准的斤多出2两。王婆为什么带着十八两秤打酒买肉呢？因为用她这杆秤去给物品称重，给得多。

鲁迅小说《风波》里也有十八两秤。那是清朝末年，江南农村，九斤老太骂孙女六斤，儿媳七斤嫂子愤愤不平地说："你老人家又这么说了。六斤生下来的时候，不是六斤五两么？你家的秤又是私秤，加重称，十八两秤，用了准十六，我们的六斤该有七斤多哩！"九斤老太的秤是私秤，1斤18两，跟王婆打酒买肉的那杆秤一样不靠谱。

老百姓用加重的十八两秤，是为了在买东西时占便宜。商家呢？就用缺斤短两的秤，卖东西时占便宜。元杂剧《看钱奴冤家债主》有一句唱词："瞒人在斗秤上，一斤秤十四两。"用1斤14两的秤出售货物，每斤可以少给2两。

另一出元杂剧《陈州粜米》刻画了一个为富不仁的财主："出的是八升的小斗，入的是加三的大秤。"该财主放贷于人，用小斗称量，1斗本该10升，他家1斗只有8升，每斗可以少给2升；到了收债的时候，他又用"加三的大秤"，1斤本该16两，他把1斤加到19两，每斤可以多收3两。图6-41所示为一款元代铜秤砣。

清代的北京，各行各业统一使用十六两秤，但是称出来的实际斤两仍不相同。清朝灭亡前夕，北京商界有"京平秤""店平秤""市平秤""公砝秤"之分，官府有"漕平秤""库平秤"之分。京平秤1两是

35.1克，店平秤1两是35.5克，市平秤1两是35.8克，公砝秤1两是36.1克，漕平秤1两是36.5克，库平秤1两是37.3克。这些大小不等的秤，不但没有被朝廷取缔或统一，而且成了行业内部和官府内部都认可的称重工具，分别在发饷、住店、买卖粮食、兑换银钱、收缴公粮和财政结算时使用。至于民间那些不被认可的非法私秤，就更加离谱了，清末北京小贩卖水果，除了用十四两秤、十二两秤，有时候还会用到"对花秤"。对花秤1斤只有8两，只相当于标准1斤的一半（图6-42）！

度量衡简史：世界的尺度

图6-41　元代铜秤砣（现藏广西桂林博物馆）

图6-42　清代铁秤砣（现藏中国国家博物馆）

再看清末的边疆地区：新疆和肃北蒙古牧民会用到三种杆秤，分别是十六两秤、二十四两秤、三十二两秤。三十二两秤是给羊毛和骆驼毛称重的，俗称"毛秤"；二十四两秤是给油称重的，俗称"油秤"。可是在称量药材、火药和贵重金属的时候，大家又会用到1斤只有10两的极小戥秤（图6-43）。

图6-43　捣药的杵臼以及称药的戥秤(现藏广州白云山陈李济药厂陈李济中药博物馆)

杆秤不统一，斤两当然更不统一，而这种不统一的现象又不完全是由奸商造成的，有时候竟然是为了给交易和计算带来便利。比如说，牧民买卖牛羊，需要扣除皮毛的重量，只算净肉的重量，如果用标准秤，称过以后，还要乘以一个净肉率；而改用加重的大秤，秤出来的重量就可能是净肉的重量，用不着再进行计算。

本书第三章中的内容曾提到，古代官府丈量农田，申报的可能不是实际面积，而是用产量折算过的面积，俗称"折亩"。边疆牧民用加重秤为动物皮毛称重，与古代官府丈量农田有异曲同工之妙。官府用产量来折亩，是为了让赋税征收更合理；牧民用大秤来称重，可以省掉后期计算的麻烦。

但是不管怎样说，杆秤不统一的弊端总会大于好处。在一个封闭的小环境里，大家都用某个不标准的杆秤来交易，不标准也就成了标准。可是一旦这个小环境对外开放，内部居民和外来的交易者都会变得无所适从，必须先就度量衡达成共识，然后才有可能进行交易。

明朝话本小说集《醒世恒言》当中描绘的一个场景，反映了杆秤混乱导致交易成本上升的社会现实：

施复是个小户儿，本钱少，织得三四匹，便去上市出脱。一日，已积了四匹，逐匹把来方方折好，将个布袱儿包裹，一径来到市中。只见人烟辏集，语话喧阗，甚是热闹。施复到个相熟行家来卖，见门首拥着许多卖绸的，屋里坐下三四个客商。主人家贴在柜身里，展看绸匹，估喝价钱。施复分开众人，把绸递与主人家。主人家接来，解开包袱，逐匹翻看一过，将秤准了一准，喝定价钱，递与一个客人道："这施一官是忠厚人，不耐烦的，把些好银子与他。"那客人真个只拣细丝称准，付与施复。施复自己也摸出等子来准一准，还觉轻些，又争添上一二分，也就罢了。讨张纸，包好银子，放在兜肚里，收了等子、包袱，向主人家拱一拱手，叫声有劳，转身就走。

另外，如图6-44、图6-45所示，为现今分布在不同博物馆的我国不同朝代所用银锭。

图6-44　台湾"国立历史博物馆"收藏的一枚元朝银锭

图6-45　美国纽约大都会艺术博物馆收藏的一枚明朝银锭

　　施复是明朝江南地区一个专业种蚕缫丝的平民，他去绸布行里出售丝绸，买家用银两付款，双方已经商定了价格，但是还要在银两的成色和重量上浪费时间。买家当着施复的面，用秤给银两称重。施复不放心，担心买家的秤不标准，又拿出自己随身携带的"等子"，也就是一杆小小的戥称，再称了一遍。施复秤过以后，认为买家给的银子不够分量，"又争添上一二分"。

　　这个场景不仅在明朝的普通人的生活中非常普遍，甚至于在更早一些的元朝也不罕见（图6-46）。

图6-46　元代壁画《执秤卖鱼图》

此壁画为山西洪洞广胜寺水神殿壁画，绘于元朝泰定元年（1324年）。

类似的情形，绝不只在古代中国出现，英国、美国、法国、印度、西班牙……以及新中国成立以后，都出现过。就在不远的20年前，也就是20世纪末，老太太上街买菜，唯恐商贩缺斤短两，还要自带弹簧秤检验一番，这样做当然也会增加交易成本——至少时间成本增加了。图6-47所示为一款香港常见的小型吊秤。

图6-47　香港常见的小型吊秤（表盘外侧标注"千克"，内侧标注"英磅"）

公制单位的好处和坏处

如果杆秤能够统一，所有的秤都做到了标准化，交易成本会下降吗？

肯定会下降，但是不会降到最低，因为杆秤的统一只能让斤两统一，并不能让全球范围内的所有重量单位达成统一。中国用斤，英国用磅，俄国用普特，印度用拖拉（图6-48），如果每个国家都坚持使用本土固有的重量单位，那么进行国际贸易和国际合作之前，双方必须要在两国度量衡换算关系这个问题上达成共识。就像为不同货币之间制定一个汇率一样，度量衡也要制定一个换算率。哦，不，需要制定一整套换算率。

图6-48的人形砝码制造于公元前2700年左右，高22.9厘米，宽6.6厘米，现藏英国伦敦巴拉卡特美术馆。

好在法国人做出了伟大贡献，发明了全新的公制单位，并且引领全球大多数国家采用了这套公制单位。图6-49所示为20世纪早期法国人制造的一件钮秤。

图6-48　印度河谷文明烧制的人形砝码　　　　图6-49　20世纪早期，法国人
　　　　　　　　　　　　　　　　　　　　　　　　　　制造的一件钮秤

公制单位里的重量单位是克、千克和吨。1000克等于1千克，1吨等于1000千克，这是现代中国人从小就在数学课本上学过的常识。可是课本上并没有说明，这套公制单位究竟是怎么来的。

图6-49的钮秤最大可称量500克。现藏英国伦敦科学博物馆。

早在公元8世纪，法国的查理大帝就试图给重量单位提供一个普适的标准。他命人铸造了一组金属罐子，往罐子里灌油，再用天平称量，保证每个罐子都跟其他罐子等重，并将罐子灌过油之后的重量作为一个标准单位。不过，鉴于当时工业技术的落后和政治影响力辐射范围的有限，查理大帝的标准油罐并没有成为真正的标准（图6-50）。

该组油罐被认为是后世千克的基础，现藏法国国立工艺与科技博物馆。

时间又过了一千多年，法国爆发了大革命，贵族政权被暂时推翻，由律师、商人、民众和科学家组成的新政体野心勃勃，开始设计一套能被全球所有国家和地区所接受的包括了长度单位、容量单位和重量单位的度量衡。

法国科学家先是用地球子午线长度的两千万分之一规定了标准长度单位：米，然后在米的基础上发明出分米、厘米、毫米。然后他们又规定，1立方分米空间内的容积为1升，随后又在升的基础上发明了千克：在标准大气压下，在水温为4摄氏度时，1升水的重量被规定为1千克。

法国科学家尽可能精确地称量出了标准大气压下在4摄氏度时1升水的重量，并且铸造了等重的国际千克原器，用来给所有愿意采用公制单位的国家和地区作为重量标准的权威依据（图6-51）。

图6-50　公元8世纪，法国查理
大帝铸造的一组油罐

图6-51　国际千克原器

储存在法国巴黎国际计量局总部的国际千克原器，是一只用铂铱合金打造的圆柱体，由三层玻璃罩保护。

可以这样说，21世纪之前，我们这颗星球上的1千克究竟应该有多重，都是由法国巴黎国际计量局珍藏的那件国际千克原器决定的。

国际千克原器是一个实实在在的物品。既然是物品，就有损毁和消亡的可能。而一旦它丢了、毁了，或者由于振动和氧化，丢失了那么一点点重量，人类世界的千克就会变得不再可靠。图6-52所示为奥地利计量标准委员会于1904年制定的一套砝码。

图6-52　奥地利计量标准委员会在1904年制定的一套砝码

该套砝码可通过在玻璃瓶中装入铁砂的方法来调整重量。

2018年11月，来自世界各地的科学家在法国凡尔赛举行了又一届国际计量大会，通过投票公决来修改千克的定义，将千克与量子力学中的普适基本概念"普朗克常数"捆绑在一起。比较专业的表达是：1千克就是普朗克常数为 $6.62607015 \times 10^{-34}$ 焦耳·秒时所对应的质量单位。

$6.62607015 \times 10^{-34}$，这只是一个数字。秒是基本的物理量，焦耳是由基本物理量推导出的物理量。也就是说，以后人类只需要记住千克的定义、普朗克常数的取值、真空中的光速数值等信息，哪怕千克原器丢了，哪怕整个世界都不存在了，只要有这些信息，再加上理解这些信息的知识和运用这些信息的科技，就能复原出最精确的千克。

图6-53是19世纪初，西班牙政府颁定的一套标准量器和标准砝码。

图6-53　1815—1818年期间，西班牙政府颁定的一套标准量器和标准砝码
（现藏英国伦敦科学博物馆）

更便捷的是，以后科学家再进行精密称量，生产行业再进行精密加工，可能就不需要再借助任何称重工具了，靠计算机计算就行了。这样一来，测量误差将可以降到最微小的程度，计算机的算力越强大，测量误差就越小。

但是任何事物都有两面性，随着公制单位在全球范围内的普及，随着重量单位、长度单位、容量单位的虚拟化，普通人对于度量衡会逐渐失去直观认识。

古老的尺度来源于身体，非常直观，容易理解。如果你问一个来自商朝的中国人一尺有多长，或者问一个来自古罗马的士兵一里有多远，即使他们没受过文化教育，也能给你比画出来——把手伸出来，拇指和食指尽量向两端伸展，这不就是一尺吗？把脚跨出去，一步，两步，三步，直线行走一千步，这不就是一里吗？

现在呢？你拿同样的问题去问一个从小在城市里长大的"90后"或者"00后"孩子，他们极有可能一头雾水，因为他们日常生活中不再用尺，也不再用里，只用米和千米。

那么，好吧，你改问他们一米有多长，一千米有多远，他们可能就要掏出手机，用手机上的测距app或者电子地图来给你演示一下。你再问一克有多重，或者他们手里的手机大概重多少克，这些孩子可能还要翻箱倒柜，去查购买手机时商家送的说明书。

如果你再进一步，去问千克的新定义、米的新定义，那就更麻烦了，孩子们要么不理你，要么再次打开手机，点开网页，去找维基百科或百度百科咨询答案。但就算他们查到了权威解释，也很难理解那些解释背后的含义——真空光速、原子频率、普朗克常数、质能公式。

我们的意思是，度量衡越进化，就越抽象，就越脱离大众的认知。

可以预见的是，最多再过百余年，甚至再过几十年，由于电子芯片的突飞猛进，大众生活当中的日常测量工具都将大面积消失，那些钢尺、木尺、杆秤、天平、电子秤，都将被微小的芯片所取代。我们随时随地可以测出一个物品有多长和有多重，但我们却将慢慢忘掉借助芯片计算出的那些数字到底有什么直观意义。假如一个芯片出了问题，报出的重量数字不够准确，本来1千克，报成了2千克，普通人是很难感知得到的。

图6-54的石砝码出现于公元前1600年左右，上有重量标识，表明这件砝码的重量相当于15100粒麦子。现藏英国伦敦科学博物馆，实测重量为978.46克。

负面影响还会波及我们的人文情怀。升、斗、尺、秤，这些传统的测量工具虽然并不很精确，但是它们却蕴含着历史和文化（图6-54）。它们消亡得越快，我们所谓的文化乡愁就越没处安放。现在世界各地的博物馆里精心存放着几百年前和几千年前的度量衡工具，就是为了让我们能从更直观的角度来理解历史，来安放我们的文化乡愁。可以预见的是，未来肯定会有人满世界寻找今天还在使用的电子秤和激光尺，当成宝贝一样珍藏起来。说不定现在已经有人这样做了（图6-55）。

图6-54　古巴比伦的一件石砝码

图6-55　英格兰布拉德福市计量局收藏的一只秤钩（铸造于1840年前后）

让直观变得抽象，让传统不断消亡，这就是度量衡不断发展给我们带来的负面影响。

但我们可以阻挡度量衡的进一步发展吗？

绝对不可以。科技和经济一样，只要一开始发展，就不可能刹住车，就会越来越快地发展，谁也不能阻挡，谁也没必要阻挡。